大阪大学新世紀セミナー

新しい光の科学

岡田　正
小林哲郎
伊藤　正

大阪大学出版会

プロローグ――光科学への誘《いざな》い――

「光」は、私たちにとって最も親しみやすい自然現象といえるだろう。五官の一つである目によって可視光をとらえることができるし、火に手をかざせば赤外線（これも光）を肌で感じることもできる。目には見えないが医療や空港の手荷物検査に用いられるX線も光の一種である。目は明暗以外に色彩を区別することができる。カラーテレビが、赤、緑、青の光の三原色だけを用いて多彩な映像情報を私たちに与えてくれることからも、光の色の重要性がわかるだろう。

では、光の実体は何だろうか。それが粒子か波かについては、昔から科学者たちの議論の的であった。光が直進することは、それが粒子であることを示すようでもあり、回折する（物体の影にまわり込む）ことは波であることを示すようでもある。

光には波（光波）として、および粒子（光子）としての二面性が存在する。十九世紀の後半に電磁気学を数式化したマクスウェルが、光は電場と磁場をあわせもつ電磁波であることを見出し、そこから物理現象が伝わる最高速度が真空中の光速であること（特殊相対論）が導かれた。虹の七色のように純粋な色の光（単色光）は波の長さ（波長λ）という物理量で定義される。一方、光電効果[1]から、光は粒子でもあることが裏付けられ、一光子のもつエネルギーは波としての一秒間当たりの振動数νとプランク定数hを用いて、$h\nu$と表される。

さて、原子の発する光は、特定の波長をもった飛び飛びの輝線スペクトルからなる。発光は、原子内で電子の軌道が変化するさいに放出されるエネルギーが光に変わったものである。発光が飛び飛びのエネルギー（波長）をもつことは電子の軌道の大きさが任意には取れないことを示している。このことから、電子軌道の一周の長さが物質波[2]の波長の整数倍の定在波が立つ条件（ボーアの量子条件）を満足する必要があることがわかった。つまり、電子も波の性質をもつというわけである。

このことは、すべての物質が粒子と波動の二面性をもつという十九世紀末から二十世紀初頭の量子論の発展をうながした。量子論の成功が、超伝導体、磁性体、半導体、レーザーなどの発見・発明に結びつき、今日の先端科学技術の爆発的な発展をもたらしたといっても過言ではない。

光と電子のかかわりは、その電子が物質中でどのような役割を演じているかを知る重要な手がかりを提供してくれる。このような学問領域を「分光学」とよぶ。物質や原子・分子中の電子の状態を研究するさいに、レーザーの進歩が大きな貢献をしている。今日では、超高速で変化する電子の振る舞いや電子の

（1）光を照射すると物体の表面から電子が飛び出す現象。物体で決まる特定の波長以下の光を照射しないと、電子は飛び出さない。波長λと振動数νとの間には$\lambda\nu=c$（cは光速）の関係があるので、光電効果は特定の値以上の光子エネルギーをもった光子一個の吸収に対して電子一個が放出されることを示している。

（2）プランク定数を物質粒子の運動量で割ったもの。

微妙なエネルギーの変化、ナノメートル空間での粒子や分子の示す色や微妙な形の変化を知ることができるようになってきている。これらは、ふつうの光では観測できなかった重要な発見である。

第一章では、光の性質とさまざまな大きさの微粒子を光で見ることによって、物質中のミクロの世界で何がわかるかを、そして第二章では、レーザーを用いて分子中の電子の振る舞いをどのようにして見ることができるかを述べる。これらは、世界中の研究者が競って解明しようとしている光科学の最前線である。

一方、光は情報の伝達になくてはならないものとなっている。光ファイバー通信、CD、DVDなどそれを示す身近なものは数多い。これらを支える基本技術（キーテクノロジー）の一つは、半導体レーザーである。二十世紀最後の年のノーベル物理学賞は、この半導体レーザーの開発の功績をたたえて、ロシアのジョレス・アルフェロフらに与えられた。また、赤、緑、青の三原色レーザーのうちの青色レーザーが、当時、四国徳島の蛍光体製造企業の研究者であった中村修二博士によって実用化され、世界に驚嘆をもって迎えられたことも記憶に新しい。光による情報の伝達方法には、物質と光の相互作用を通じて、光の波としての性質を制御することによって、想像をはるかに超える多様性が生み出される。このことが情報の大量通信、伝達にとって欠くことのできない技術を提供している。第三章では、これらの技術の基礎となる概念とその応用例を述べる。

　新しい光の科学は日進月歩の発展を遂げており、完成されたものではない。そこで本書では、物理、化学、電気の専門家三人が、それぞれの考えで、身近な問題から出発して最新の研究につながる話題を三部作として書いている。そのため、記述はあえて統一していない。内容については、理系の大学一年生程度の知識で十分理解できることをめざした。できるだけ平易に書いたつもりではあるが、一般の読者にはやや難解な記述が含まれているかもしれない。その場合は、気にせず読み飛ばしていただき、「新しい光の科学」の最新の香りを感じ取っていただきたい。

　光の科学は十九世紀のミレニアムには量子力学を生みだし、自然科学の概念に一大革命をもたらした。そして、二十世紀のカラーテレビ、レーザーの発明、ＣＤ、ＤＶＤ、光情報通信の驚異的な発展とともに、光は日常生活の各所で主役を演じるようになってきた。私たちの生きるこの二十一世紀は「光の時代」。どのような世界が開けるか、本書を読んで夢を膨らませていただければ幸いである。

二〇〇一年盛夏

著者しるす

目次

はじめに　i
第一章　ミクロの世界からの光のメッセージ　伊藤　正……1
一　光の芸術と光科学　1
二　虹の光科学　4
三　オパールの光科学　12
四　ステンドグラスの光科学　17
五　電子と光の織りなすミクロの世界のハーモニー　22
六　半導体超微粒子で生体分子を見る　24
七　光科学は二十一世紀の文化を創る　29
第二章　レーザーで観る超高速の世界
――ミクロの世界の超高速現象――　岡田　正……31
一　原子分子の世界の距離と時間の単位　34
二　分子運動の観測　35

三　溶液中の分子運動とスペクトル　40
四　液体にものが溶けることについて　42
五　タンパク質中の反応と機能発現　46

第三章　新しい光の科学

——時空間を行き交って光をコントロールする——　小林哲郎……　55
一　光、そして時間と空間　56
二　空間域で光をコントロールする　57
補遺　光波の基礎　65
三　時間域制御、動的制御　71
四　時間変調素子と空間変換素子の組み合わせ——光の時空間制御へ——　76

第一章　ミクロの世界からの光のメッセージ

伊藤　正

一　光の芸術と光科学

私たちのまわりには多くの色彩が満ちあふれている。暗闇では色彩がわからないことからも想像できるように、色彩は光が放つものである。これらのさまざまな色彩を放つ光はいったい何を私たちに語りかけているのだろうか。

夜明けとともに暗黒の世界を明るく輝く世界によみがえらせるのが太陽の光である。太古の昔から、宗教あるいは哲学的視点から、光は明るさと温かさを表す「生」の象徴として大切に考えられてきた。生命の誕生には太陽の光が不可欠との説が有力であるし、現に緑色植物の葉において炭酸ガスと水から有機物や酸素がつくられる炭酸同化作用（光合成反応）は、光のエネルギーがあってはじめて起こる。

一方、自然の美しさは、光の織りなす色彩のハーモニーから生まれるといえよう。十九世紀後半に始まるバルビゾン派から印象派にいたる画家たちは、光の色彩、ことに「光と陰」をまことにうまく表現し、自然の美しさと温かさを心に訴えかける多くの絵画を残している。パリのオルセー美術館では、ミレーの『春』を見ることができる。暖かい日差しが草木を生き生きとよみがえらせ、空には虹がかかり、光に満ちあふれた春の息吹を感じさせる。一方、セーヌ川をはさんで右岸にあるオランジェリー美術館では、モネの『睡蓮』(1)に代表される、水に映る影(光の反射)の美しさを見ることができる。ルノワールの描く若い女性の艶の良い肌の色は、やさしい温かさに包まれている。

光は、多くの心理的作用にも結びついている。困難を乗り越えて、前途が開けてきたときに何かまばゆい光を感じた経験をもつ人も多いだろう。天空を曇らせていた夕立が止むと、さっと差し込む光によって、目の前に天にかかる見事なアーチ(虹)を見たとき、人びとはなんともいえない美しさと感動に思わず息を呑む。大洪水が去って箱舟から降り立ったノアとその家族は神から告げられる。「雨雲が現れても二度と大洪水は起こらない」。神と人間との契りを思い起こすために雲間に虹が輝く(2)、と。虹は美しさ以上の意味を感じさせる。

ダイヤモンド、ルビー、オパール、真珠などの宝石の中からほとばしり出る

(1) 関西ではJR山崎駅、阪急大山崎駅近くのアサヒビール大山崎山荘美術館でも見ることができる。

(2) 『旧約聖書　創世記第九章』、すなわち「わたし(神)は雲の中に、にじを置く。これがわたしと地との間の契約のしるしとなる。」

神秘の輝きは、古代から人びとを魅了し、冒険に駆り立て、欲求を惑わし続けてきた。ヨーロッパならどこでも見かける数百年を経た古い教会を訪れると、荘厳な雰囲気の中で、石造りの柱と柱の間にはめ込まれた色彩豊かなステンドグラスが、太陽の光を浴び、キリストとその弟子たちの姿を鮮やかに浮び上がらせ、その平和な光とともに信仰の尊さを人びとに伝えている。希望の光、明るい前途、淡い光が与える心の安らぎなど、光は人間の心に深くはたらきかける不思議な力をもっている。

一見科学的でない話から始めたが、実は、虹やオパール、ステンドグラスには、光が織りなす光の芸術（光科学）のまことに見事な美しさと深遠さが隠されていることを、まずお話ししたい。そして、私たちのまわりにある光を利用した最先端の科学技術のいかに多くが、このような身近な自然現象から出発し、またヒントを得ているかを知っていただければ幸いである。先端科学はいかにも専門的で一見複雑そうに見えるが、基礎科学の知識をもっていれば誰でも、これらの学際的な分野に斬新なアイディアをもって仲間入りできることを知っていただきたい。

二　虹の光科学

七色の虹はなぜ現れるのか？

天空から傾いた太陽からの白色光が、空に浮かんだ雨雲から降ってくる多数の球形をした水滴（雨粒）の中に入り込み、屈折と内部反射を繰り返してから跳ね返ってくるときに虹は生じる。まれに、主虹とその外側の副虹という二重の虹を見ることができる。図1に描かれているように、主虹と副虹とでは色の並び方が逆になっている。(3) 虹色は赤橙黄緑青藍紫(4)と変化するが、これらはすべて人間の目が感じ取ることができる純粋な光（可視光）の色であり、(5) 図2に示すように、光の波の長さ（波長）はおよそ七〇〇～四〇〇ナノメートル（nm）（1nm＝10^{-9}m）の範囲に分布している。目がどのようにして光や色を感じるか、虹に現れない色が存在することなどもたいへん興味あるところだが、これについては他の解説書にゆずることにしよう。

さて、どのようにして二重の虹が生じるかについては、図3を見れば理解できよう。主虹と副虹では雨粒の中での光の進み方が逆になっており、主虹では光が雨粒に入ると内部で一回反射してから出てくる。一方、副虹は逆回りに二回反射してから出てくる。したがって、見上げる角度（仰角）が副虹の方が大きくなり、外側に見えるのである。ここで、雨粒に光が入るとき、および雨粒

（3）京都三千院の虹の間にある下村観山の画く二重虹（ふすま絵）の色の並びに注意したい。

（4）ヨーロッパでは藍を除いて六色とするときもある。

（5）光は波と粒子の二面性をもっているが、波としてみたときに純粋な光の色は波長と一対一の関係をもっている。

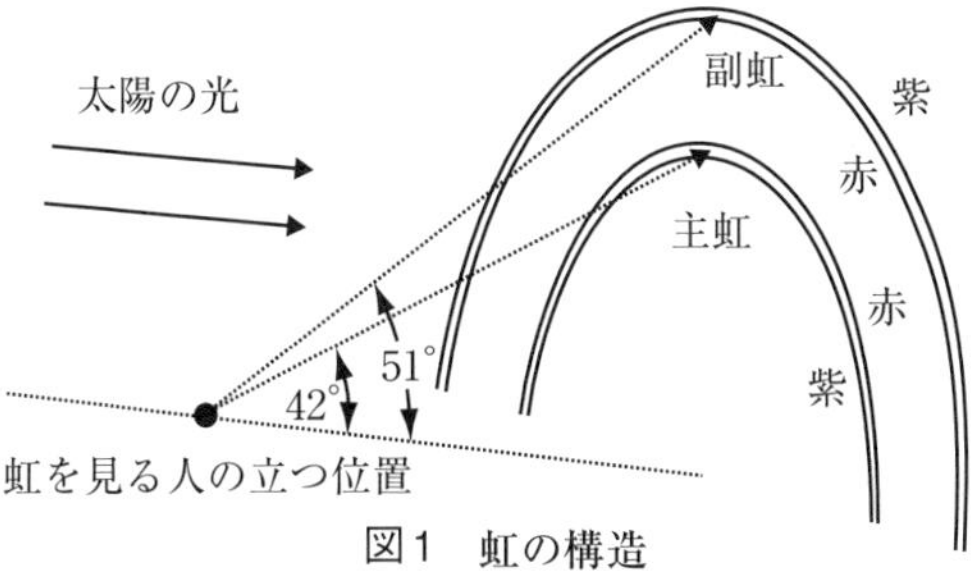

図1　虹の構造
主虹と副虹は七色の並び方が逆転している.

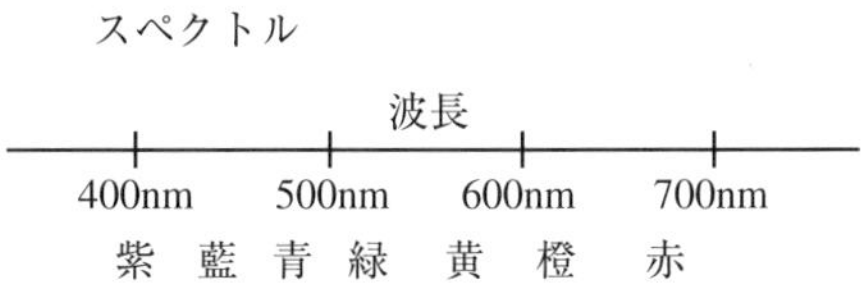

図2　可視光の波長と純粋な光の色の関係
単色光に現れない色は異なる単色光の混じったものである.

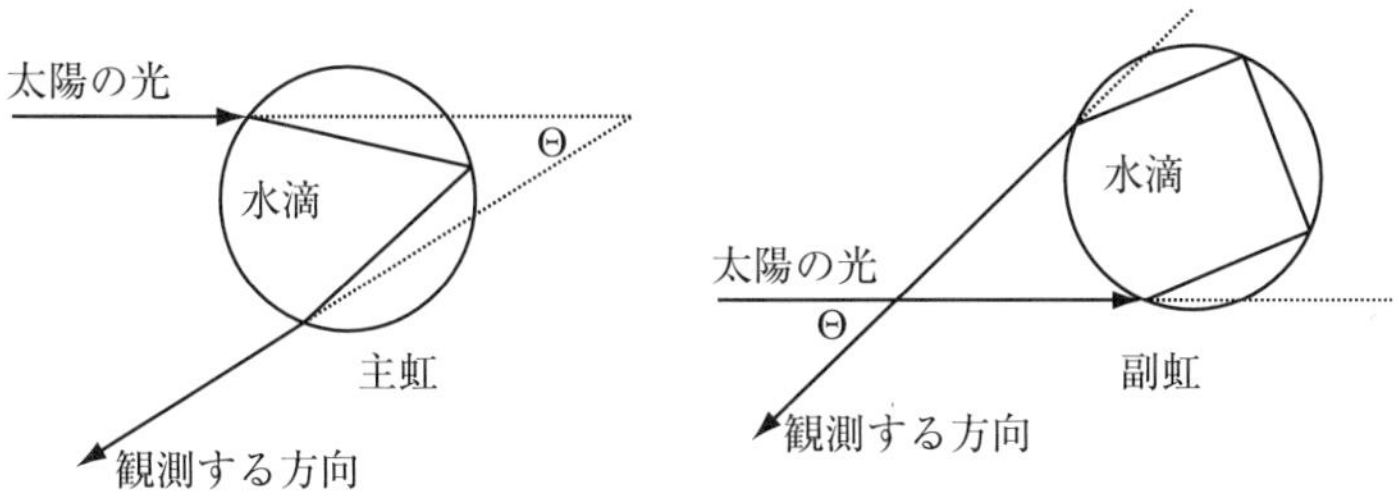

図3　主虹と副虹の発生メカニズム
屈折の方向と内部反射の回数が異なる.

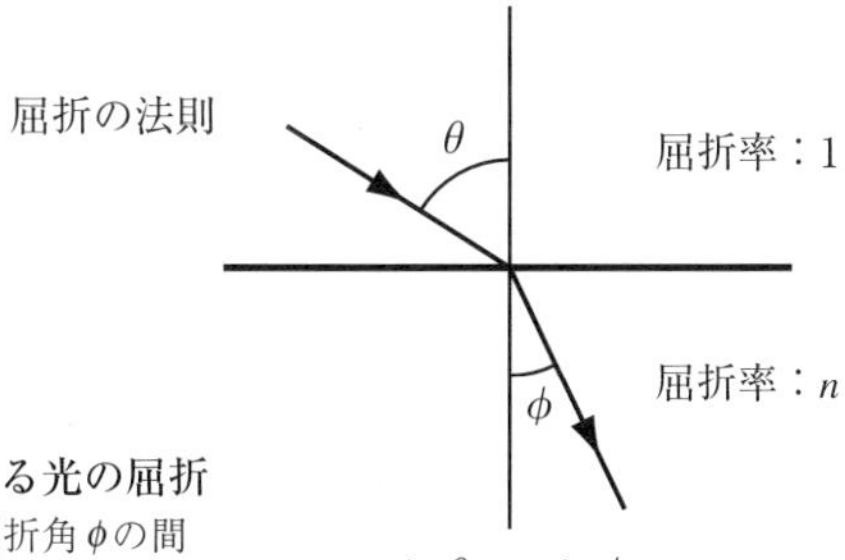

$$\sin\theta = n\cdot\sin\phi$$

図4　物質の境界における光の屈折
屈折の法則は入射角θと屈折角ϕの間に成立する.

から光が出てくるときに「屈折」という現象を起こして光が折れ曲がる。平らな水面下の物が浮かび上がって見えるのは、水面での光の屈折による。図4に示すように、鉛直からθだけ傾いた角度で水面に入射した光は、水面で折れ曲がり（屈折し）ϕの角度で水の中に入っていく。このとき、角度θをどのように変えても

$$\sin\theta = n \cdot \sin\phi \tag{1.1}$$

なる屈折の法則が成り立つ。この法則は一六二一年にオランダの数学者スネルによって発見されている。[6] この関係式に現れる比例定数nは「屈折率」と呼ばれる物理量である。nが1よりも大きければ、θの方がϕより大きいので水面の上から見ると水面下のものが実際より浅いところにあるように見えるわけである。

虹に話を戻して、光を跳ね返す雨粒と太陽、雨粒と観測者をおのおの結ぶ線のなす角度Θを測ると、主虹でつねに約四二度、副虹で約五一度である。これは太陽からの光がいろいろな入射角度で雨粒に入ったときに屈折の法則を利用すると、約四二度と五一度で跳ね返される成分が最も多くなるためである。したがって、地上で観測する限り、地平線よりも上に虹を観測するには、太陽はある程度天頂から傾いていなければならない。これが、朝夕にのみ虹が鮮やかに見える理由である。地平線より下の虹は地上からはもちろん見えないが、読

(6) この法則は同時代のフランスのデカルトによっても見出されている。彼は人間の眼球の構造を光の屈折で説明し、水晶体がレンズの役目をして、その厚さの変化によって遠近調整をして網膜上に焦点を合わせていることも発見している。

(7) ニュートンは光の波動説を否定し、粒子説を唱えていたことで

者の中には飛行機の窓から真下に円形の虹を見た幸運な人がいるかもしれない。

屈折率の色依存性

虹が生じる原因の大部分は判明したが、肝心の「なぜ白色光が七色に分かれるのか」についてはまだ解けていない。これには、イギリスのニュートンが一六六六年に思いついた屈折率の色依存性の考えが必要である。もし、水の屈折率nの大きさが色にまったくよらなければ、雨粒から跳ね返ってくる光は太陽からの白色光そのままのはずである。虹色に見えるためには、nが色[7]（波長）によって変化していなければならない。主虹は内側（仰角が小さい）ほど青っぽい（波長が短い）ことから、屈折率は短波長ほど大きくなっているはずである。事実、水の屈折率nは一・三三一（赤）から一・三三四（紫）まで変化する。こうした変化を示す要因は、屈折率と密接に結びついた物理量である光の吸収現象にある。水は一八五ナノメートル以下の波長では不透明となり、紫外線の光を吸収する。これは後で述べるように、水分子中の電子が紫外光のエネルギーを吸って、その軌道状態を変える（励起される）ことに起因している。このために、屈折率は可視光の波長領域でも吸収のある紫外光波長に向かって少しずつ増加しているのである[8]。このため、白色光の各色成分によってわずかずつ

有名である。したがって、ニュートンは波長ではなく光の色によって屈折性が異なると考えた。今日の粒子描像では光の色は光子エネルギーに対応する。波長は波の概念であり、光の波動性の確立は一八〇一年にヤングが薄膜の色づきが波の干渉によると説明するまで待たねばならなかった。

（8）屈折率変化はちょうど重りのついたバネの振幅に似ている。バネにはバネ定数kと重りの質量mによって決まる共振周波数$f_0=\sqrt{k/m}/2\pi$が存在するが、バネを適当な周波数fで振動する外力で強制振動させると、その振幅はfがf_0に小さい方から近づくにつれて大きくなる。振動数f_0付近でバネは共振を起こし、強制振動のエネルギーを吸収するようになる。さらに、fがf_0を超えると振幅の動きは外力と急に位相が反転（符号がマイナス）し、fがさらに大きくなると振幅はしだいに小さくなる。つまり、屈折率は低周波側からしだいに吸収に向かって大きくなり、吸収領域を越えると急に小さくなり、再び増加してくることになる。本文で次に述べるように、物質中ではプラス・マイナスの電荷が互いに結びついた分極がバネと重りの役割をしており、強制振動のための外力は光の振動電場によって与えられる。

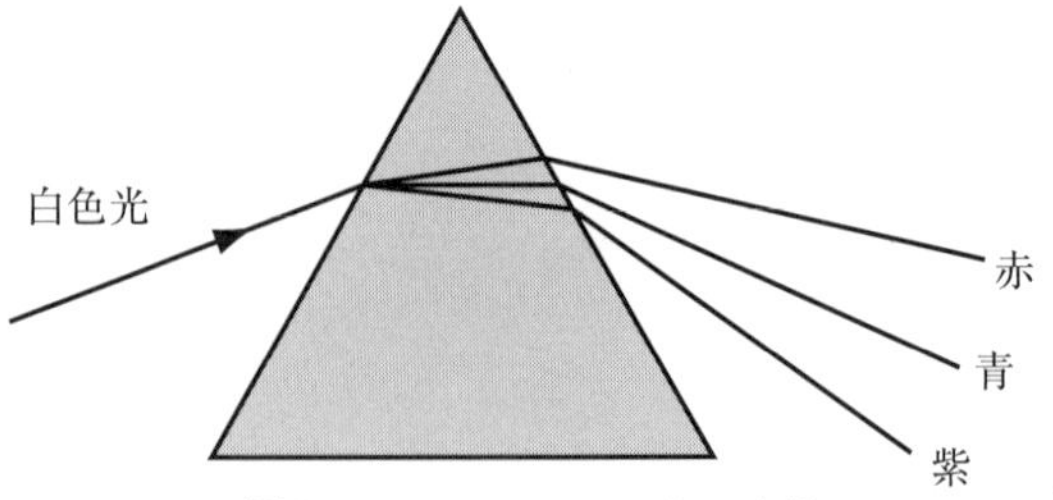

図5　プリズムによる光の分散

屈折の際に短波長（青や紫）ほど曲がりやすい.

雨粒から出てくる角度が異なることになり、図3の角度Θが、主虹では赤の方が青よりも大きくなり、副虹では逆になる。虹が七色になる原因が、実は光と水分子との語らい（相互作用）にあることがおわかりいただけただろうか。(9)

ガラスも同じような性質をもっているので、ニュートンが実験したのと同様に、三角形のガラスでできたプリズムによって白色光は七色に分けられる（図5）。いろいろな物体から反射したり透過した光、(10) 物体自身が発する光（蛍光やリン光）がどのような色（波長）の成分（スペクトル）から成り立っているかを調べる学問領域を「分光学」とよぶが、プリズムは今でも分光実験装置の中で、光を七色に分ける部品として多く使われている。

そこで、光の実体とは何か、物体の吸収や発光がなぜ起こるのか、それぞれの物質でなぜスペクトル（色）が違うのかを考えてみよう。これ

(9) 澄んだ海の水の色が青く見える原因は、可視光の波長域で赤色の方がわずかに吸収されるためである（坪村宏、化学、三十七巻二号、一九八二）。したがって厳密にいうと、水の屈折率変化は赤外域から可視領域に延びる分子振動による吸収と紫外域の電子による吸収のバランスによって生じている。

(10) 一般に物体が示す色は表面反射色と透過色に分けられる。金属の金の金色、銅の赤銅色などは表面反射色であるが、多くの不透明物体の示す色は透過色（物体の表面から光が一度中に入って散乱されて、再び表面から出てきたときの光の色）である場合が多い。絵の具の色は透過色であるため、違った色の絵の具を混ぜると、透過できる光の色がなくなって、灰色や黒に近づく。これに対して光の色は混ぜると白色に近づく。

電磁波の速さ

$$c = \frac{1}{\sqrt{\varepsilon_0 \mu_0}} = 2.99792 \times 10^8 \ (\mathrm{m/s})$$

ε_0：真空中の誘電率
μ_0：真空中の透磁率

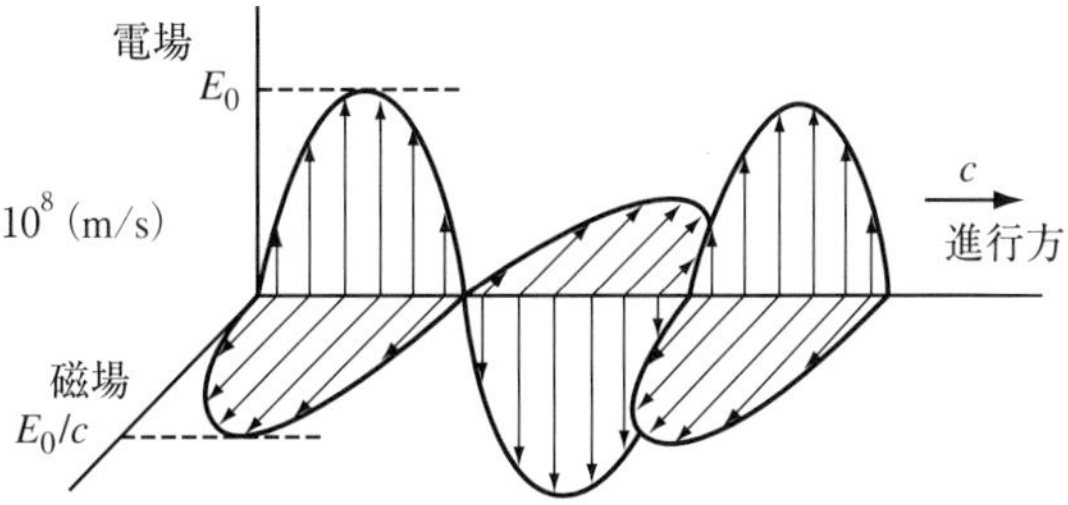

図6　電磁波の模式図

電場と磁場が互いに直交した横波である．音波と違って真空中でも伝搬する．

らのことは、ここ一〇〇年あまりの近代物理学の発展によって明らかにされてきた事柄である。一八六四年に、電磁気学の電場と磁場に関する経験則を一般化し、電磁場の四つの基礎方程式を導いたイギリスのマクスウェルは、そこから電場磁場の両方の振動を伴う横波「電磁波」が存在することを予言した。さらに驚くべきことに、彼が導いた「電磁波」の速度が光の速度[11]（2.99792×10^8 m/s）と完全に一致した。つまり彼は、「光は電磁波の一種である」ことに気づいたのである。[12]一八八八年、ドイツのヘルツによって、可視光よりもっと波長の長い電磁波（電波）の存在が実験的に証明された。図6に示すように、電磁波は電場と磁場の波の振動方向と波の進行方向が互いに直交するような横波である。

さらに、一九二五―二六年にかけてドイツ

（11）電荷がつくる電界の法則（クーロンの法則）に現れる真空中の誘電率 ε_0 と、電流がつくる磁界の法則（ビオサバールの法則）に現れる真空中の透磁率 μ_0、それに光の速度 c は、それぞれ実験によりすでにかなりの精度で求められていた。真空中の電磁波の速度は $1/\sqrt{\varepsilon_0\mu_0}$ で与えられる。一方、物質中での光の位相速度（波の山または谷が移動する速さ）は物質の誘電率 ε と透磁率 μ を使って $v = 1/\sqrt{\varepsilon\mu}$ となり、屈折率 n は $c/v = \sqrt{\varepsilon\mu/\varepsilon_0\mu_0}$ で与えられる。

（12）マクスウェルの基礎方程式からは、その後、電磁波の発生メカニズム、光学の深い理解、特殊相対性理論への展開が次つぎと起こることとなる。

のハイゼンベルグとオーストリアのシュレーディンガーが、ミクロの世界での電子、原子、分子などの運動を正しく記述できるようなニュートン力学に替わる新しい力学である「量子力学」を確立したことにより、はじめて光の吸収や発光のメカニズム、物体によるスペクトルの違いなどに対する正しい解釈が与えられた。この考えによると、図7に示すように、光の吸収は、物体を構成している原子や分子に比較的緩やかに結びついているマイナスの電荷を帯びた電子が、電磁波（光）の激しく振動する電場によって揺さぶられ振動が共鳴（共振）して、光のエネルギーが電子のエネルギーへと移動することによって引き起こされる。

　したがって、物体によって色や光スペクトルが違うということは、原子や分子を結びつけて物質をつくる糊の役目をしている電子（結合電子）のふるまいが違うことを意味している。おのおのの個性をもった物体の性質（物性）の大部分は、原子が互いにどのように結合しているかによって決まる、つまり結合電子のふるまいの違いが原因で生じている。先端物性研究、とくに可視光周辺の波長で光吸収をもつ半導体などの電子物性の研究を行うさいには、この分光学が大いに力を発揮する。この分野は「光物性学」とよばれるが、原子・分子の分光学が量子力学の発展の歴史に果たした役割を思い起こせば、その重要性が容易に想像できるだろう。さらに、近年のレーザー装置の進歩によって「光

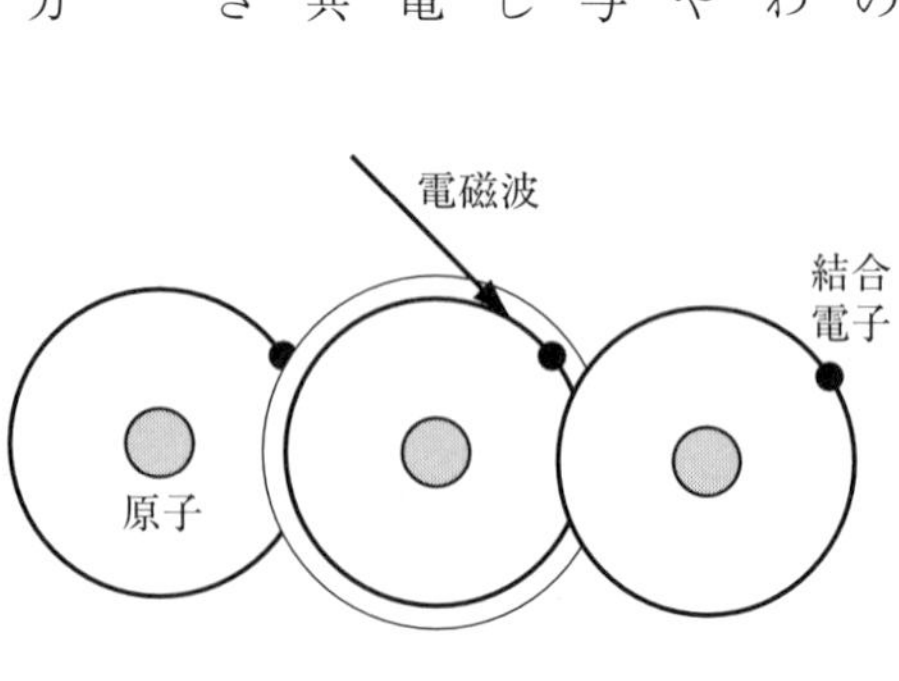

図7　光の吸収のミクロな解釈
物質を構成するおのおのの原子の周りにある結合電子が電磁波のエネルギーを吸収すると電子の軌道が膨らむ.

物性学」は飛躍的発展を遂げている。この章で紹介する現象はどちらかといえば物理寄りの話であるが、第二章では、光化学の立場で、レーザーによってはじめてとらえることができる興味ある光現象の例が述べられる。

「全反射」現象による発光

虹を鮮やかに生じさせる雨粒の大きさは〇・一～一ミリメートル程度であるが、この大きさは、図3で示したように、レンズの話と同様に光線追跡ができる幾何光学の世界の大きさである。虹の場合、外部から雨粒に入った光が何度か内部反射したのちに再び外に出て行くが、内部で光が発生するさいには「全反射」という現象を起こすことがある。

全反射は次のように理解できる。

光はもと来た経路に沿って逆進できる。さらに屈折の法則を表す式（1.1）を使うと、光が屈折率 n の水中から ϕ の角度で水の表面（実際には球面なので接平面を考える）に当たると、角度 θ で外へ出られるはずであるが、角度 ϕ が約四八度以上になると $\sin\theta$ が1を超えるために角度 θ に対する解がなくなり、外に出られずすべて反射する（全反射）。ガラスやプラスチックでできた小さな粒子の表面付近に蛍光を発する色素分子を埋め込んでおくと、微粒子の表面に対して浅い角度で色素分子から発光した光は粒子の表面でうまく全反射しな

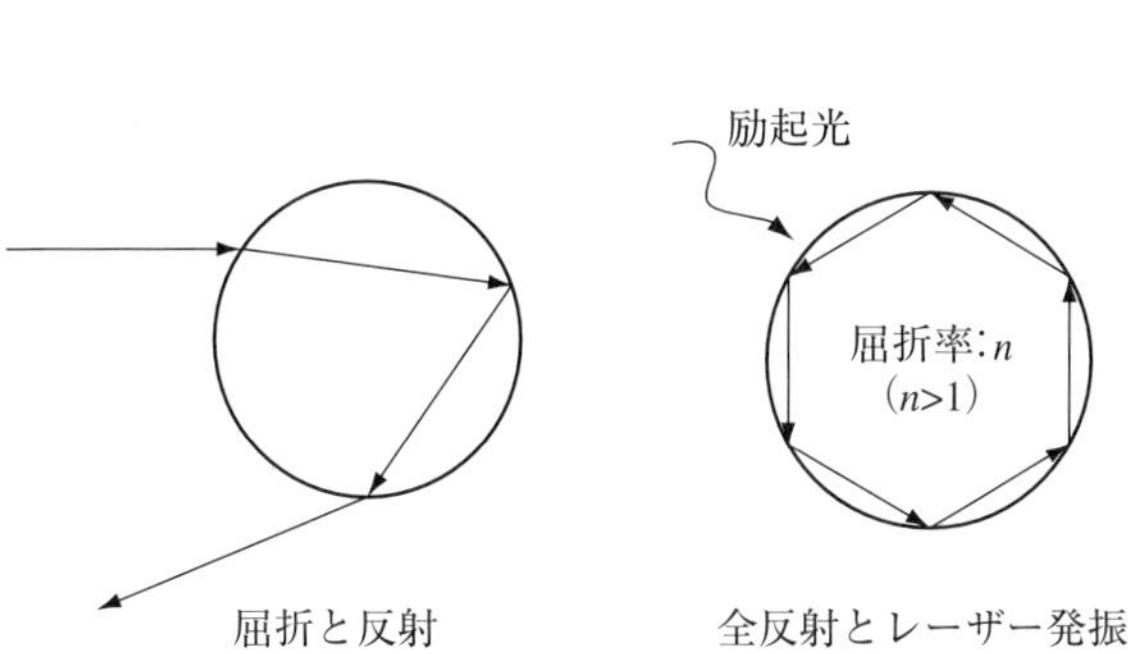

図8　微粒子における光の屈折と反射
左では外から入った光が再び外へ出て行く．右では内部で発生した光が全反射を繰り返して，微粒子内部に閉じ込められる．条件がそろえばレーザー発振にいたる場合もある．

がら微粒子の縁に沿ってぐるぐる回るような経路をとり、図8の右側に示すような微粒子中に閉じ込められた光をつくりだすことができる。この原理を使うと、ただ一個のミクロンサイズの球形微粒子に光を当てるだけで、超小型レーザーが実現できる。このように、虹という身近に経験することのできる現象の中にさえ、光科学の種々の法則がみごとに寄り集まって光の芸術をつくり出していることがわかる。次にもっと小さい微粒子による光学現象へと話を進めよう。

三　オパールの光科学

輝きのメカニズム

宝石のうち、ダイヤモンドはそれ自身無色透明な結晶であるが、屈折率が大きく、またブリリュアンカットという多面体カットができるため、たくさんのプリズムが集まった光の屈折による美しい輝きをもつ。また、ルビーは、透明なアルミナ（Al_2O_3）結晶中に、不純物として含まれる金属イオン（Cr^{3+}）が光を吸収することによって、特有の赤色の輝きを生じる。ところが、オパールはこれらとは違って、乳白色または透明（ウォーターオパールと呼ばれる）物質の内部にきらきらと輝く部分があり、鮮やかな色が見る角度によって七色に変化

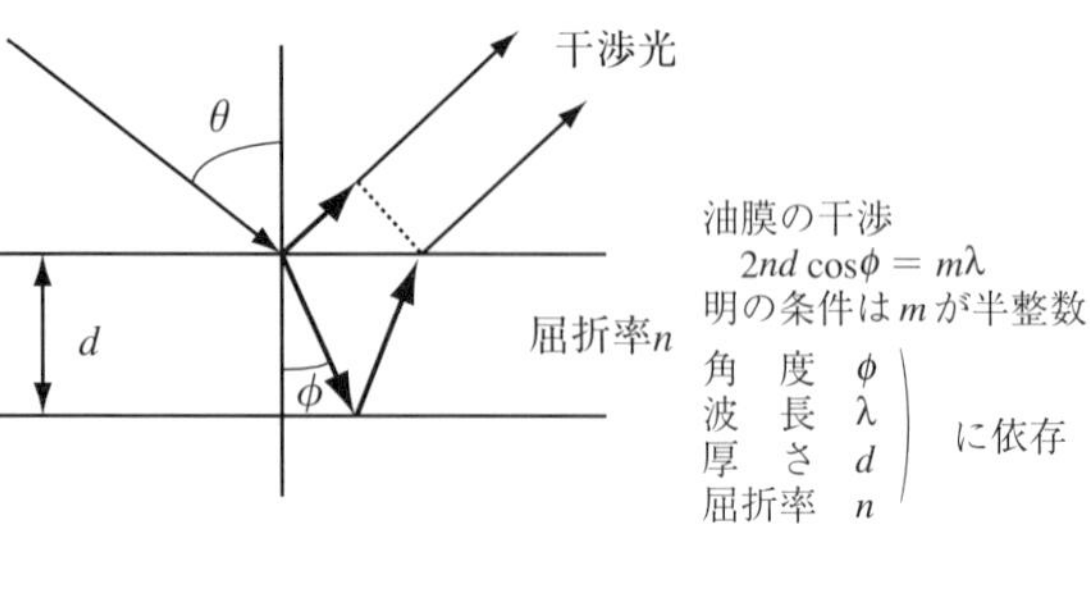

図9　薄膜の干渉
表面と裏面による反射光の波の重ね合せによって干渉色が生じる．膜の屈折率，厚さ，光の入射角，波長に依存する．

する特徴をもっている。玉虫やアマゾン産のモルフォ蝶の翅《はね》の色も同様の変化を示す。オパールは水を含むシリカ（SiO_2）の透明ガラス物質からできているので、それ自身は無色透明である。乳白色に見えるのは、細かい粒が光を散乱するからであり、牛乳の白さも同じ原理である。

したがって、これらに色が生じるのは「吸収」によるものではない。その原因は、水に浮かんだ油膜が色づいて見えたり、クレジットカードの表に印刷された偽造を防ぐための虹色に輝くホログラムの原理(13)と同様、光の干渉と回折によって生じている。波動光学では光を波と考えるので、図9に示すように、油膜の表面と裏面で反射した波を位相（山と山、谷と谷）をそろえて重ね合わせると、波の振幅が二倍になって強く反射される。一方、山と谷を合わせて重ねると、打ち消しあって反射が弱められる。これが干渉効果である。

反射や透過光が干渉で強められる条件は、光の波長λ、屈折角θ、油膜の厚さd、屈折率nに対して、$2nd\cos\phi = m\lambda$（mは透過では整数、反射では半整数）のかたち(14)で依存するので、わずかな厚さの変化や水面のゆがみにより縞模様に色づいて見える。

しかし、オパールの輝きの神秘は単なる薄膜の干渉効果ではない。ドイツのペンスが電子顕微鏡でオパールの内部構造を明らかにしたのは一九六三年のことであった。それによると、オパールは粒径一五〇〜二五〇ナノメートルの完

（13）光の干渉効果を利用して奥行きのある立体像が浮かんで見える写真または絵。作り方は、レーザーを立体的な物体に照射し、跳ね返った光と元のレーザー光とを干渉させて、干渉縞をフィルム上に撮影する。これに元のレーザー光を照射すると、物体の像が立体的に浮かび上がる。ふつうの可視光を用いて見ると虹色に浮かび上がる。

（14）図9において干渉光と書いた二本の反射光は、一方が膜の表面反射光、他方が膜の裏面まで到達して反射した光である。これら二本の光の光路長（実際の長さに屈折率をかけたもの）の差を破線の位置で測ったものが、波長の半整数（整数／2）倍になったときに、二本の光の波は干渉によって互いに強めあう。半整数になるのは膜の表面反射光だけが反射のさいに波の位相が反転するためである。ちょうど音波が壁で跳ね返るときに位相が反転することと対応している。

全な球に近いシリカ微粒子が、三次元的に規則正しくぎっしり並んだ配列構造をしており、微粒子間のすきまは屈折率の少し小さなシリカで満たされていた。図10に人工的につくられたオパールの電子顕微鏡写真を示す。ここでは約二五〇ナノメートルの球形のシリカ微粒子が六方稠密《ちょうみつ》に配列していることがわかる。一般に、配列構造は一個のオパールの中でいくつかの配列方向の異なる分域構造に分かれており、その分域ごとに異なる干渉色を示すので、虹色の

図10　人工オパールの顕微鏡写真

球の直径は約250 nm で，規則正しく並んでいる（Dr. S. Gaponenko の好意により提供された）.

オパールは巨大な結晶模型

オパール「フォトニック結晶」	通常の結晶
シリカ粒子間の距離200nm シリカ微粒子による光の回折	原子間の距離0.2nm 原子配列によるX線回折

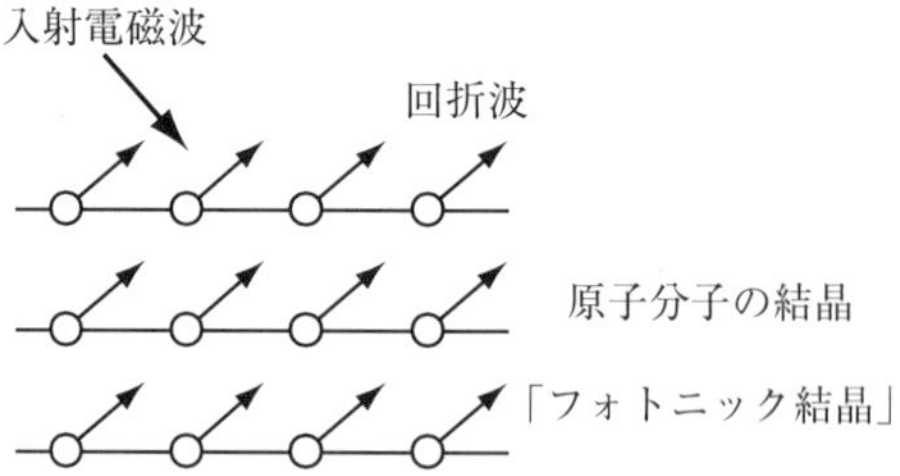

オパールは1000倍にして目で直接観察可能

図11　結晶による電磁波の回折

白い丸が原子またはシリカ粒子を示す．電磁波の種類は，通常の結晶ではX線，フォトニック結晶では可視光である．

輝きが得られる。玉虫やモルフォ蝶の翅《はね》も微小な配列構造をもったうろこ状の小盤が規則正しくぎっしり詰まった構造をしている。自然界がこのような見事な構造をつくり出すことは本当に驚きである。

さて、油膜の場合は一枚の膜構造であるが、オパールは規則正しい構造が三次元的に積み重なっているので、干渉効果はきわめて強く、見る角度によって鮮やかな色の変化をもたらすわけである。これは、図11に示すようなX線や電子線が結晶中の原子の配列によって回折され、配列特有のX線回折パターンを示すのとまったく同じ原理であるが、同じ現象が一〇〇〇倍も拡大されて、肉眼で見ることができる光の回折として観察されるわけである。真珠も炭酸カルシウムの板状結晶膜が有機物を挟んで多層膜をなす構造をしており、この構造が光の繰り返し反射による干渉を引き起こし、真珠特有の輝きが得られる。

フォトニック結晶

オパールや真珠のような構造はフォトニック（光）結晶とよばれ、最近その光デバイスへの応用が注目を集めている。図12

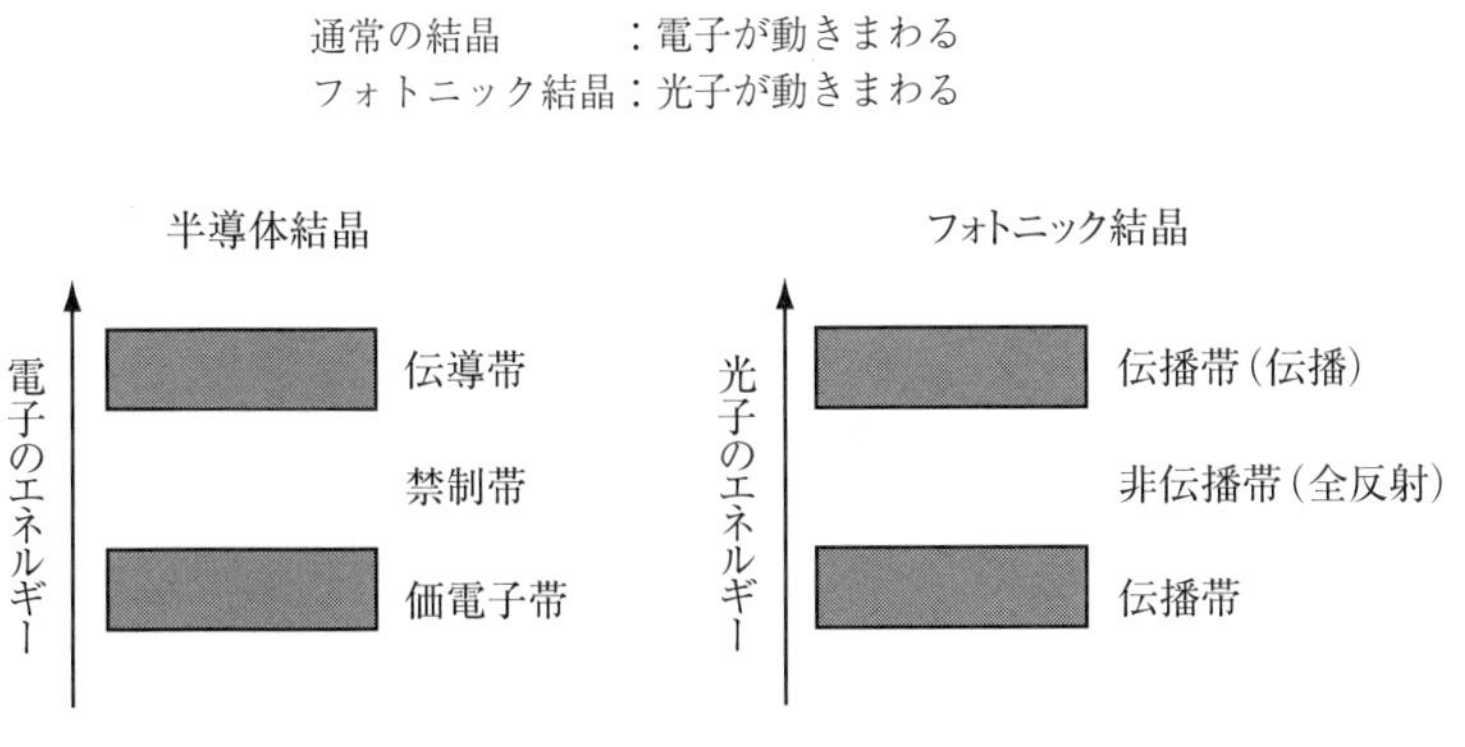

図12　半導体のバンド構造とフォトニック結晶のフォトニックバンドの比較
半導体の禁制帯がフォトニック結晶の全反射帯に相当し，このエネルギーの光は外から結晶に入れないし，外へも出られない．

に半導体結晶のバンド構造との類似性を示す。半導体結晶のように原子が規則正しく三次元に配列していると、電子は結晶中をある規則性をもって自由に動きまわる（波動性を強調すれば、電子波が伝播する）ことができる。同様に、フォトニック結晶中では光の波（光子）が類似の規則性をもって自由に伝播できると考えられる。

　結晶中で電子は任意のエネルギーをもてるわけではなく、エネルギー帯と呼ばれる幅をもった特定のエネルギーしかもつことができない。一方、電子の存在が許されないエネルギー領域は「禁制帯」と呼ばれる。半導体ではこの禁制帯を挟んで価電子帯に電子がすべて詰まり伝導帯は空っぽである。そこが金属と異なる点であり、ゆえに半導体はオプトエレクトロニクスの有用な機能材料とされている。フォトニック結晶中の光子は同様のエネルギー帯をもつので、外部から照らす光の波長（光子エネルギー）によ

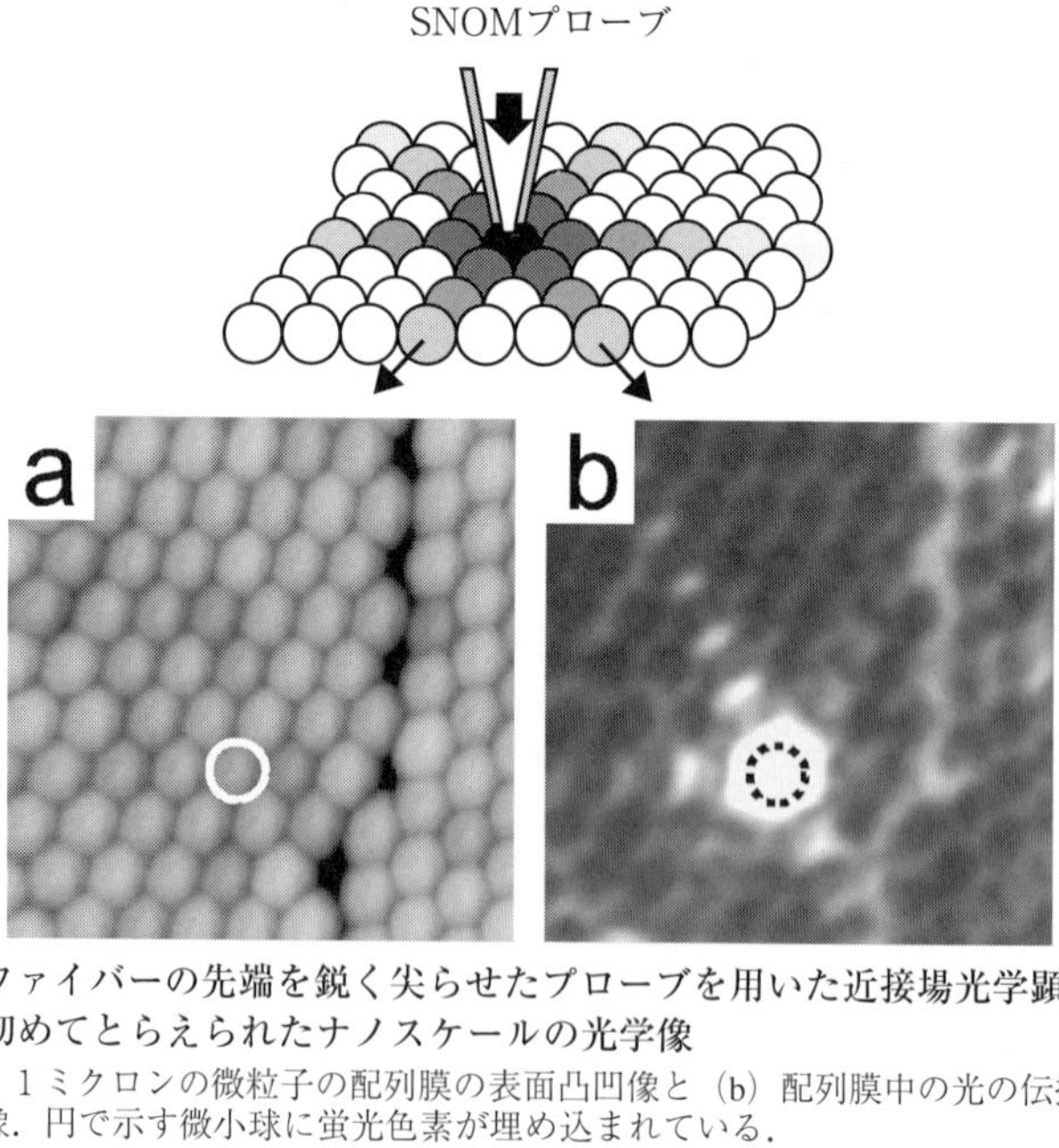

図13　光ファイバーの先端を鋭く尖らせたプローブを用いた近接場光学顕微鏡によって初めてとらえられたナノスケールの光学像

(a) 1ミクロンの微粒子の配列膜の表面凸凹像と (b) 配列膜中の光の伝搬を示す近接場像．円で示す微小球に蛍光色素が埋め込まれている．

ってフォトニック結晶中を伝播することができる光と伝播できない光のエネルギーが生じる。

最近、われわれはポリスチレンのサブミクロンサイズの微小球をガラス基板上に六方稠密配列させたフォトニック結晶を作製し、結晶中の一つの微小球に蛍光色素を埋め込み、ふつうの光学顕微鏡では得られない超解像度をもった近接場光学顕微鏡(15)(SNOM)という装置を使って、図13に示すような六回対称の特定の方向に伝わる光の伝播現象と、特定の明るい場所が光の吸い込み口となる様子を直接観察することに成功した。このような結晶は、伝播できる光に対しては効率のよい特定方向へのナノスケール光伝送路として利用できるし、伝播しない光は結晶内に効率よく閉じ込めることができるので、その波長領域で光る半導体を埋め込むと、微小電力でレーザー光を発生させうる次世代デバイスとして使えることが期待されている。

それでは、もっと小さな超微粒子の光科学に話を進めよう。

四　ステンドグラスの光科学

ステンドグラスの色

遺跡から出てきたガラス装飾品には着色したものがあることから、ガラスに

(15) 光は波の性質をもつため、回折現象を起こし、波長程度の大きさのピンホールを通過すると光の直進性が失われる。このため幾何光学で設計される一般の光学顕微鏡では、波長以下の物体でシャープな結像を得ることができなくなる。近接場光学顕微鏡は、この欠点を克服するために、鋭く尖らせ周りを金属でコートした光ファイバーの先端を観測したい物体に一〇ナノメートル程度まで近づけてファイバーから可視光を照射する構造になっており、進行しない(すなわち、回折を起こさない)エバネッセント光とよばれる光の成分を使って、物体の像をナノスケールでとらえる装置である。

不純物を混ぜるとさまざまな色になることは古くから知られていたようだ。十三世紀頃にはヨーロッパでゴシック建築の教会のステンドグラスとして盛んに使われ、原色に近い鮮やかな色の色ガラスをつくる技術が進歩した(16)。

透明なはずのガラスになぜ色が着くのだろうか。その原因は添加着色剤にある。着色剤はガラス中の不純物であり、溶質とコロイドに分けられる。このうち溶質による色は主に金属イオン（イオンの価数によって色が違う）が光を吸収することによって生じる。宝石のルビーやサファイヤは、ガラスではなく透明結晶中ではあるが、やはり溶け込んだ金属イオンによる色である。このルビー結晶中のプラス3価の金属クロムイオンを使って、今日の光デバイスの革命児であるレーザーの発振現象がはじめて実現した。その原理の発展であり、二〇〇〇年度のノーベル物理学賞の対象となったロシアのアルフェロフによる半導体レーザーは、いまやCD、DVDなどのディスクからのデータの読み取りに欠くことのできないものとなっている。

さて、コロイドによる色は原因がまた異なる。コロイドとは、原子・分子よりは大きい、直径が一～一〇〇ナノメートル程度の超微粒子が分散した系のことを指し、ここでは、超微粒子の材料は金属や半導体である。まず、金属コロイドでは金の赤色が有名である。通常の金はもちろん金色なので、超微粒子になることが肝心である。今世紀のはじめに、マクスウェルとガーネットは、光

(16) パリの中心シテ島にあるサン・シャペル教会の高さ一五メートルに及ぶパリ最古のステンドグラス、パリ郊外のシャルトル大聖堂にあるブルーのステンドグラスなどが有名である。

波長よりも小さなナノスケールの金属超微粒子中では、光吸収により金属の性質をつかさどる自由電子が、超微粒子表面で集団的な振動（表面プラズモン）を引き起こし、その結果、通常は観測できない金属微粒子の表面色が直接見えることを電磁気学を使って示した。それによると、金属コロイドは金や銅では赤色、銀では黄色を呈することがわかる。

一方、半導体コロイドではガラスの焼きなまし温度によって色が変わることはすでに知られていた。が、電子顕微鏡やX線によって超微粒子の直径は数～数十ナノメートルであることが確かめられ、その色の原因がはっきりわかってきたのは、ほんの二〇年ほど前からのことである。図14にCdS超微粒子分散ガラスの吸収スペクトルと微粒子サイズ（半径 a はナノメータ単位で示されている）の関係を示す。縦軸は吸収の強さ、横軸は光子エネルギーである。注目すべきは、微粒子サイズが小さくなるにつれて、吸収の右上りの立ち上がり位置が少しずつ光子エネルギーのより大きい側（短波長側）にずれてくることである。大きなサイズでは濃い黄色を示すが、小さなサイズになるにつれて色が薄くなり、最後には可視域の吸収がなくなり、透明とな

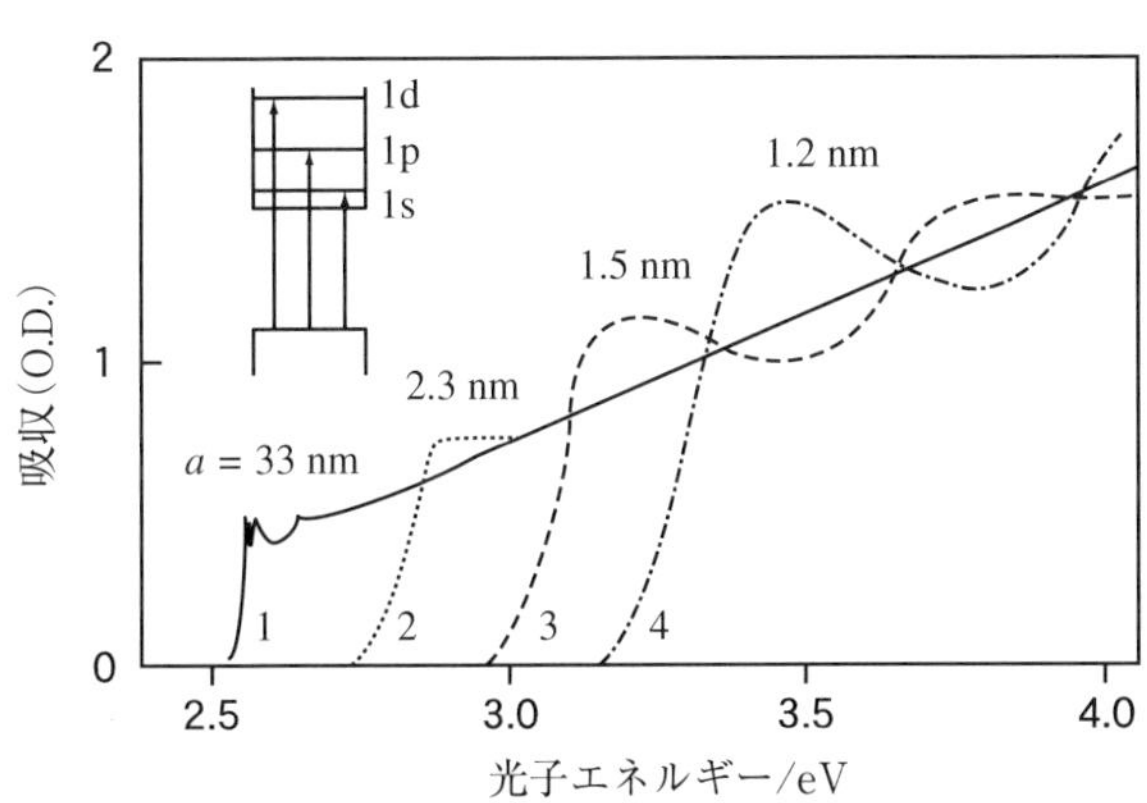

図14　半導体CdSの超微粒子を分散させたガラスの吸収スペクトル
微粒子サイズの減少とともに，吸収の立ち上がりが短波長側に移動する．

る。CdSeコロイドの場合は、微粒子サイズの減少とともにガラスの色は赤から橙、黄色へと変化する。

量子サイズ効果

この現象を理解するには、まず半導体超微粒子中に閉じ込められた電子のふるまいを量子力学的に解くことによって導かれる「量子サイズ効果」という現象を説明する必要がある。通常の大きさの金属や半導体中では、電子は電流を担う粒子と考えてよい。しかし、ナノスケールや原子スケールで電子のふるまいを理解するには、電子の波としての性質を利用しなければならない。ここでは、電子を狭い空間に閉じ込めたときに、電子の波の振動を弦の波の振動と同じような性質をもつとして説明を試みる。

図15で示すように、長さLの両端を固定した弦に立つ定常波のうち最も長い波長λは$2L$である。ここで、厚さLの半導体の薄板を考えよう。板の表面が電子波にとっても固定端になると仮定する。これは電子が半導体から

量子サイズ効果＝狭い空間に粒子を閉じ込めるとその運動エネルギーが増加する

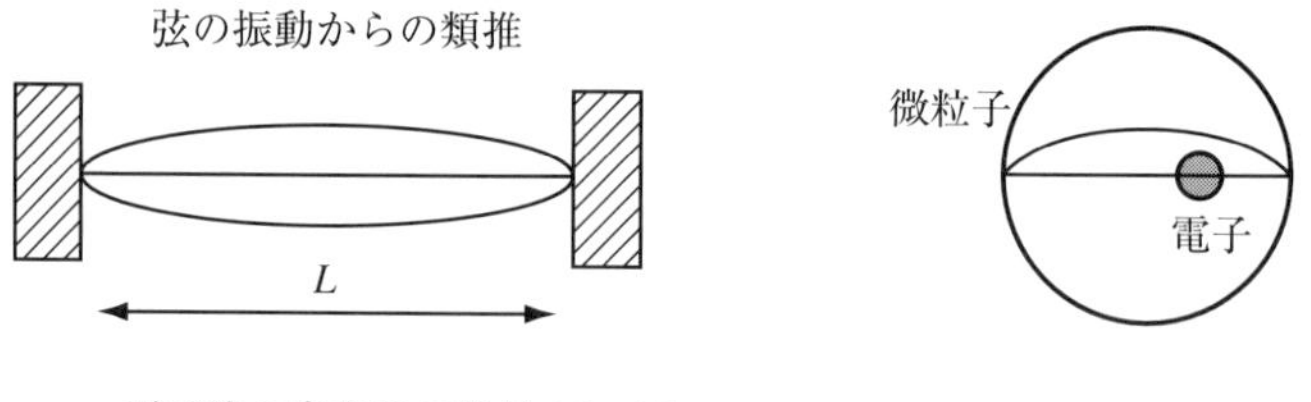

電子波の定常波の波長：$\lambda \leq 2L$

ド・ブロイの物質波（電子波）の運動量：$P = \dfrac{h}{\lambda} \geq \dfrac{h}{2L}$

電子の運動エネルギー：$\varepsilon = \dfrac{p^2}{2m} \geq \dfrac{1}{2m}\left(\dfrac{h}{2L}\right)^2$

狭い空間（Lが小さい）ほどエネルギーは増加する

禁制帯の幅が増加　→　吸収が短波長化

図15　両端を固定された弦に立つ定常波と微粒子に閉じ込められた電子の定常波の類似性

電子の波長はド・ブロイの物質波の波長.

外に出られないで閉じ込められる結果、波の振幅が表面で消えることを意味する。さて、電子の運動量pはド・ブロイの物質波の考えを使うと、$p = h/\lambda$であり、$h/2L$となる。ここにhはプランク定数と呼ばれる量子論に特徴的に現れる定数である。電子の運動エネルギーは運動量の二乗p^2に比例するので、結局、閉じ込められた電子のエネルギーはL^2の逆数に比例して変化し、閉じ込めがきつい（Lが小さい）ほど大きくなることがわかる。ただし、可視域でこのエネルギー変化を〇・一％程度の精度でとらえるには、板の厚さLは数十ナノメートル以下でなければならないことがわかる。[17]

この現象は、半導体微粒子中の電子が三次元的に閉じ込められる場合においては、もっと顕著に現れる。エネルギーは超微粒子の粒径が小さくなるほど大きくなり、その結果、吸収の立ち上がりが高エネルギー側にずれる。これこそが量子サイズ効果である。この効果を使えば、コロイド微粒子のサイズを小さくすることによって、吸収ばかりでなく、微粒子が光るときの色（蛍光色）さえも赤から青へと自在に変えることができるわけである。これを利用して、生きた細胞中の生体分子の動きを見ることが試みられている。これについては第六節で詳しく述べる。

これ以外にも、量子サイズ効果がいままでにない新しい光材料を生み出す可能性をもつことが想像できる。次節ではそのいくつかの例を述べる。

（17）可視光の中心光子エネルギー（波長）は2.5 eV（500nm）であり、板の厚さL= 10nmにおいて、真空中と同じ質量をもつ電子のエネルギー変化は3meVとなり、約〇・一％となる。

五　電子と光の織りなすミクロの世界のハーモニー

光学非線形性

半導体中の電子を狭い空間に閉じ込めることは、半導体を使った光学デバイスのはたらきにいままでにない多くのメリットを与える。まずそのひとつに、光学非線形性と呼ばれる現象をあげることができる。物質に光を照射し透過させたときの光の吸収量は、ふつうの強さの光を使う限り、光の強度に比例するのがふつうである。ところが、レーザーのような強度の大きな光を照射すると、物質の光吸収量が照射光強度に比例しなくなる。この現象は、光学非線形性とよばれるが、光のエネルギーを受け取った電子どうしが互いに影響を及ぼしあう電子相関効果の結果生じるものである。電圧と電流の間にはたらく非線形性は、電子回路における信号の増幅やメモリー動作にはなくてはならないものであるが、同様に光情報通信における光の増幅や変調、光メモリーにこの光学非線形性が利用できる。とくに、量子サイズ効果が大きくなると、電子波としてのコヒーレンス（波のつながりの良さ）が顕著になるので、光学非線形性が大きくなる。[18]したがって、半導体超微粒子は非線形光学デバイスとして有望な材料といえ、スイッチングデバイスとして機能する吸収飽和や、[19]メモリーとして機能する光双安定性[20]がすでに見つかっている。また、たった一つの光子によっ

(18) 電子の波は物質中に不純物や原子配列の乱れ（格子欠陥）があると散乱されるので、波の位相が崩れてしまい、波のつながりの良さ（コヒーレンス）が失われる。散乱を起こす不純物などの総数は体積減少とともに減少するので、ナノ空間ではほとんど確率的に存在しなくなり、電子のもつエネルギーが飛び飛びになることもあって、電子波のコヒーレンスがうまく保たれる。ここでは複数電子の干渉効果として非線形性が生じるので、光学非線形性がコヒーレンスの度合に比例して大きくなる。

(19) 吸収量が照射光強度に比例せず、頭打ちとなる現象。弱い光に対して不透明であった物質が、強い光照射で透明に近くなるので、光スイッチとして使える。

(20) 物体の透過率（入った光の強さで、抜けてきた光の強さを割った値）に二つの値が存在し、光の強度を変化させることによって、これらの値の間をスイッチングする効果を光双安定性とよぶ。透過率の値の一方は通常の光によるものであり、他方は非線形光学現象により生じるものである。それぞれの状態に〝0〟と〝1〟を対応させてメモリーとして使える。

て微粒子に究極の光学非線形性を起こさせることができることも、最近、確かめられた。

半導体の高機能化

さて、半導体レーザーにおいては、光を発する電子を狭い空間に閉じ込めるほど光子密度が増加し、レーザー発振が容易となるので、低消費電力化が実現できる。また、半導体で非線形性を生じさせるために、通常は不純物を加えて電子を供給しているが、不純物の混入で電子の動きが悪くなる欠点があった。しかし、不純物の入った半導体の層（不純物層）から有用なはたらきをする半導体の層（活性層）へ電子を流し込んで活性層に閉じ込めれば、電子を不純物層から空間的に分離でき、不純物に邪魔されずに電子が容易に動きまわれるメリットが生じる。この原理を使って日本の企業によって発明された増幅デバイスは、高電子移動度トランジスタ（ＨＥＭＴ）とよばれ、衛星放送や携帯電話の超高周波回路デバイスとしてすぐれた性能を発揮している。

電子波デバイス

半導体コロイドの量子サイズ効果は、半導体集積回路（ＩＣ）の超集積化にも影響を与える。集積度が増すにつれて、半導体デバイス一つひとつの超小型化が要求されるが、大きさが数十ナノメートルになると、いま述べた量子サイズ効果によって、従来のデバイスとは違った動作が現れる。別の言い方をすれば、電子は粒子として流れるのではなく、波動として伝播し、光と同じように回折や干渉現象を起こすようになる。これは、一見困った現象にも見えるが、発想を逆転させて、この電子の波の干渉を積極的に利用した新しいナノメートルサイズのデバイス（メゾスコピックデバイス）をつくる試みも始まっている。

六　半導体超微粒子で生体分子を見る

蛍光標識

蛍光性の色素やタンパク質を結合させて生体分子を染色（標識化）すると、生きた細胞内での生体分子の挙動を蛍光顕微鏡の下でマルチカラー蛍光画像として観察することができる。たとえば、分裂期の細胞内での染色体と微小管のダイナミクスや、モータータンパク質であるキネシン一分子が、鞭毛軸糸上で滑り運動する様子などがリアルタイムで観察できる。これら蛍光標識手法はいまや生物学の基礎研究のみならず、ＤＮＡ配列、核型識別、医学上の診断などに幅広く応用されている。

しかし、色素分子の付加や励起光照射が生体分子本来の機能を損なわないようにするためには、標識化にさいし、個々の蛍光色素の性質に応じてさまざまな手法を工夫する必要がある。また、異なる分子を異なる色素で標識化して多色化するさいに、①色素の吸収スペクトルは波長幅が狭く、単色波長のレーザー光を照射しても多くの種類の蛍光色素を同時に光らせることが容易でない、②発光スペクトルの波長幅が広く複数の標識蛍光の色が互いに交じり合ってしまう、③連続光照射により光化学変化が起こりやすく短時間に蛍光強度が減衰してしまう、などの問題点がある。ところが、ナノ構造物質の一つであるハイブリッド半導体超微粒子は、これらを克服できる種々の特性をもつ。ここでは、物理・化学・生物学の間にある標識化のためのハイブリッド半導体超微粒子とは何か、どのような特徴をもつか、どのようにして生体分子に標識化するかなどについて紹介する。

ハイブリッド半導体超微粒子

半導体微粒子はサイズに依存して蛍光色が変化する。その理由を、マクロ(物理)とミクロ(化学)双方からのアプローチで考えよう。

マクロ半導体結晶中では、バンドギャップを超えるより大きなエネルギーの光の吸収によって、自由電子・正孔が生じる。およそ一〇ナノメートル以下の超微粒子になると、電子と正孔はおのおのナノメートルサイズの微小空間に閉じ込められるために波動性が顕在化し、微粒子界面が節となる定常波を形成することはすでに述べた。その結果、微粒子サイズの減少とともに電子や正孔のド・ブロイ波長は減少し、運動エネルギーは増大する。この「量子サイズ効果」によってバンドギャップや吸収・発光エネルギーが増大する。

一方、ミクロ半導体分子では、電子のｓ‐ｐ軌道状態[21]の混成により結合・反結合状態を生じるが、分子が集合してクラスター化すると縮退した状態が分裂し、クラスターサイズの増大につれてＨＯＭＯ[22]（最高被占分子軌道＝価電子軌道）とＬＵＭＯ（最低空分子軌道＝伝導電子軌道）のエネルギー差であるバンドギャップエネルギーが減少する。

いずれのアプローチでも、電子正孔の再結合による蛍光は、サイズに依存してそのピーク波長が変化する。たとえば、二ナノメートル、四ナノメートルの直径をもつCdSe超微粒子はおのおの五五〇ナノメートル（黄緑）、六三〇ナノメートル（赤）の蛍光を発するようになる。微粒子の蛍光はほぼ対称な線スペクトルとなり、微粒子サイズ分布を五％以下に抑えることにより、室温で一〇nm程度まで蛍光スペクトルの線幅を狭くすることができる。この幅は蛍光色素に比べると1/3～1/4の狭さであり、蛍光標識の多色化にとって都合がよい。また、超微粒子はバンドギャップ以上のエネルギーではほぼ準連続な蛍光励起スペクトル[23]をもつ。図16に示すように、わずか五種の半導体材料（CuCl, CdS,

（21）原子のまわりを回る電子の軌道のうち、角運動量の小さなものから順にｓ、ｐ、ｄ、…とよぶ。

（22）分子内の電子の軌道のうち、エネルギーの最も大きい電子が存在する軌道をＨＯＭＯ、それより一つエネルギーの大きい通常は電子が存在しない軌道をＬＵＭＯとよぶ。

（23）物質を励起するための光（励起光）を照射し、別の波長で蛍光を発する場合、その蛍光強度が励起光の波長にどのように依存するかを測定したもので、吸収スペクトルの一種である。

CdSe, InP, InAs）と微粒子サイズを変化させることにより、蛍光のピーク波長が三五〇ナノメートルから一・六マイクロメートルにいたる多色の蛍光粒子が得られる。しかも紫外線励起により全蛍光色がいっせいに光る。

さて、半導体超微粒子は表面積が体積に比べて大きくなるために、蛍光量子効率[24]の低下や、光化学反応による劣化を受けやすい。事実、表面処理を行わない超微粒子の自由電子・正孔の再結合発光の量子効率はきわめて低い。これらの欠点は、蛍光を発する超微粒子（たとえばCdSe）をコアーとして、その表面をシェルの役割をするバンドギャップの大きな別種の半導体（ZnS）で覆うことにより、大幅に改善できる。室温での蛍光の量子効率が五〇％以上で、一般によく用いられる赤色の蛍光色素Rh6G分子の、数十倍の長い寿命をもつ、光劣化

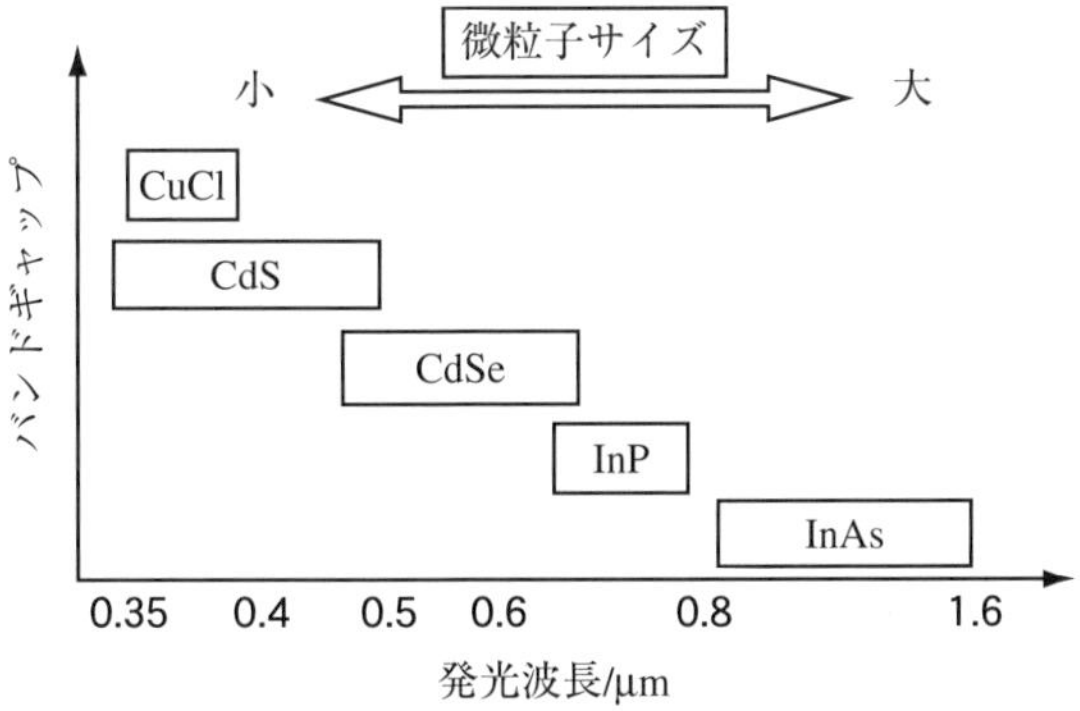

図16　各種半導体超微粒子の発光線のピーク波長がサイズと共に変化する範囲
近赤外から近紫外をカバーできる.

(24) 光励起された電子・正孔対が、再結合により再び光に変換される割合を表し、大きいほどエネルギーの無駄が少ない。

しにくい超微粒子の作製が可能である。さらに、同じ半導体材料でも微粒子サイズを変えれば容易に多色化できるというすぐれた特性をもっている。

生体分子との接合

生体分子と接合させるいくつかの例を挙げる。

［i］静電的相互作用または水素結合を利用すると、尿素化合物とアセタート類で表面処理された微粒子は、細胞核と大きな親和力で結合できる

［ii］リガンド-リセプター相互作用(25)を用いると、たとえば微粒子とFアクチンフィラメントをおのおのビオチンに結合させ、アビジンを介して両ビオチンを結び付けることができる。これらの手法を用いてネズミの繊維芽細胞の核とアクチンフィラメントとを別々に染色して、蛍光画像化することができる

［iii］メルカプト酢酸で表面を覆うと、メルカプト基(26)がZnに直接結合し、カルボキシシ基はタンパク質、ペプチド、核酸などの生体分子と共有結合する。この方法で、免疫グロブリンGと結合させた微粒子が抗体のまわりに凝集する様子などがとらえられている

(25) 卵白中の塩基性タンパク質であるアビジンは、そのまわりにビタミンB複合体の一種であるビオチンの四分子を強く結合させる性質をもっている。アビジンはリセプター（受容体）、ビオチンはリガンド（配位子）と呼ばれる。

(26) -SH基のこと。ZnSとSが共通であるためハイブリッド微粒子に直接結合できる。

七　光科学は二十一世紀の文化を創る

虹、オパール、ステンドグラスは、それらの美しい光にのせて、それぞれ異なるミクロの世界からの貴重なメッセージを私たちに伝えている。われわれの研究室では、いろいろな性質をもったレーザー光をフォトニック結晶や半導体超微粒子や有機微結晶に照射して、一粒一粒のナノ粒子からの光のメッセージをできるだけ正確につかみ取り、これらのミクロな世界を支配する原理を理解するとともに、新たなメッセージを発するような材料や構造を探すために、世界の研究者とネットワークを組んで情報交換をしている。これも光ケーブルのおかげである。光はますます私たちの日常生活になくてはならないものになってきており、光の科学と技術の融合によってもたらされる革新的な発明・発見が二十一世紀における光文化の時代の扉を開くことは間違いない。大型映像、バーチャルリアリティー、超高速光通信、半導体照明、光記録、光コンピュータ……と夢は大きくふくらむ。

しかし、人類が真に光に求めたものは、心に訴えかける光の芸術であったことを忘れてはならない。若い人びとによって支えられるこれからの光の科学と技術が、人びとに幸福をもたらし、人類の真の文化を創ることに役立つことにより、私たちの未来によりいっそうの明るさ、美しさ、心の安らぎを与えてくれることを強く望みたい。

参考文献

一般書

（1）鶴田匡夫『光の鉛筆』新技術コミュニケーションズ（一九八五）。
（2）小野嘉之『メゾスコピック系の不思議』丸善（一九九五）。

半導体微粒子、ナノ構造に関して

（3）枝松圭一、伊藤　正「光で探る半導体超微粒子の励起子光物性」日本物理学会誌、五十三巻、四一三頁（一九九八）。
（4）藤村　徹、伊藤　正「フォトニック結晶と近接場分光」光学、二十八巻、四九一頁（一九九九）。

（5）難波　進編『メゾスコピック現象の基礎』オーム社（一九九四）、第三章。

生体分子への蛍光標識に関して

（6）原口徳子、平岡　泰、細胞工学、十七巻、九五六頁（一九九八）。
（7）M. Bruchez Jr., M. Moronne, P. Gin, S. Weiss, A. P. Alivisatos, *Science*, **281**, 2013 (1998).

電磁気学一般に関して

（8）V・D・バーガー、M・G・オルソン著、小林澈郎・土佐幸子訳『電磁気学〈新しい視点にたって〉』培風館（一九九三）。

第二章　レーザーで観る超高速の世界
──ミクロの世界の超高速現象──

岡田　正

人が物体を観たり感じたりして理解するとき、人の物理的大きさや五官の応答が基準になっているように思える。洋の東西を問わず、長さ、重さ、速さなどの単位は身体の部分や生活実感を基につくられているものが多いことからも、それは予想される。文明の発達に伴って、望遠鏡や顕微鏡を創り出し、はるか遠くの物体やきわめて小さいものを観ることができるようになった。これらは目で見えないもの、たとえば分子のように小さいものや星のように大きくても遠すぎるものを人の感覚のサイズである写真やテレビの画面に収まる程度の大きさにつくり直して、人はそれを実感している。最近はコンピュータやエレクトロニクス技術、センサー技術などを駆使して、想像の世界や未知の状態を五官を通して実感する装置へと進んでいるようである。人類はこのような技術を発達させることで、実際には目で見ることのできないものや巨大なものを拡大したり縮小したりして観察することによってわかった気になっている。

同じことは「時間」に関してもいえる。非常に速い動きやきわめて遅い、たとえば大陸移動などの動きにおいても、先に述べた物体を観察するときの技術と同じような方法で、時間軸を延ばしたり縮めたりすることで理解しようとしている。細胞の運動や血流などのように顕微鏡で観察できるものは、テレビ映像を私たちの感覚にあった時間の動きに直して観ているわけである。鳥の羽ばたきをストロボ撮影しつなぎ合わせた連続写真やスローモーション映像なども同様である。しかし、これらは瞬間の状態を静止した画像としてつなぎ合わせているだけで、時間や速さそのものではない。多くの場合、その速さあるいは時間の変化を実感することは、サイズを認識するよりも困難な場合が多いようであり、想像を逞しくするしかない。

動いているものをストロボ撮影する（図17）ことについて、もう少し話を進める。われわれが「速い」という言葉を使うとき、物体の速度とともに大きさや距離の概念が含まれている。超音速で飛んでいるジェット機を撮影する場合のシャッター速度は千分の一秒程度で十分であるが、一ミクロンの微粒子が音速で動いている場合はこれでは不十分である。微粒子が一ミクロン程度の距離を進む時間は一〇億分の一秒程度だから、シャッター速度千分の一秒では微粒

図17　ストロボ撮影の連続写真

瞬間，瞬間の状態は理解できるが，速さについては見る人の想像力の程度による．

子の像がぼけるからである。すなわち、ミクロの世界を観測する場合は物体の速さが音速程度であっても、きわめて短い時間を測定しなければならない。

次の節で説明するように、分子の世界では一兆分の一秒とか、それ以下のきわめて短い時間が大切になっている。一兆分の一秒を想像するために、逆に一兆秒を考えてみよう。一年は約三一五〇万秒だから一兆秒は三万三千年ほどということになる。何万年にもわたる進化の歴史においてその最初のたった一秒間に起こった出来事が決定的であるといわれてもピンとこないし、無意味に思えるであろう。しかし、分子レベルで考えると、一瞬で起こるであろう遺伝子の変化がその後の進化を決定づけることがあってもよさそうに思える。実際、植物の光合成反応では、太陽からの光エネルギーを集めて、反応中心と呼ばれるところで一兆分の一秒程度の時間で電子を移動させプラスとマイナスのイオン対（小さな電池に対応する）をつくり、光のエネルギーを化学的なエネルギーに変換した後有機物の合成を行っている。はじめにきわめて速い（短い）時間で電子移動反応が起こるのは、せっかく集めた光エネルギーを熱などに奪われることなく、ほぼ一〇〇％の効率で光合成反応に利用するためだと考えられている。

さて、極低温の世界でほぼ静止している原子の一つひとつを直接撮影する技術はすでに発明されているが、液体や固体中を動きまわっている原子や分子一つを追跡する装置はまだ開発されていない。したがって、せいぜい一〇〇個程度までの原子でつくられている分子の運動を観察する場合は、顕微鏡で見ることのできる巨大な細胞などを追跡して観察する場合とは異なった方法を考える必要がある。

この方法を説明する前に、まず、分子がどの程度の速さで動いているかということと、短い時間と距離について述べておく。

一　原子分子の世界の距離と時間の単位

まず身近なところで、毎日呼吸している空気中の酸素分子や窒素分子が動き廻っている速さを考えてみよう。これらの分子の動く速さは音速程度で、秒速にして数百メートルである。しかし、頻繁に衝突しあっているため、衝突せずに何センチも動いているわけではない。これらの分子のサイズを考えてみる。酸素分子は二つの酸素原子が結合してできているが、原子核間の距離は〇・一二ナノメートル（nm）ほどである。その周りに電子が雲のように存在しているため、どこまでを分子の大きさとするかは一概にはいえない。ふつうは電子が比較的多く存在する領域を考え、ファンデルワールス半径と呼ばれる距離を使う。「亀の甲」といわれる正六角形の分子であるベンゼンの直径は〇・三ナノメ

（1）一兆分の一秒のことを一ピコ秒（ps）という単位で表し、一〇〇〇分の一ピコ秒をフェムト秒（fs）、一〇〇〇ピコ秒、すなわち一〇億分の一秒をナノ秒（ns）とよぶ。

接頭語の説明

a：アト（10^{-18}）	f：フェムト（10^{-15}）
p：ピコ（10^{-12}）	n：ナノ（10^{-9}）
μ：マイクロ（10^{-6}）	m：ミリ（10^{-3}）
c：センチ（10^{-2}）	d：デシ（10^{-1}）
k：キロ（10^{3}）	M：メガ（10^{6}）
G：ギガ（10^{9}）	T：テラ（10^{12}）
P：ペタ（19^{15}）	

10^{-9} メートルをナノメートル（nm），10^{-12} 秒をピコ秒（ps）などという．ちなみに，1 fm は核融合するような距離，太陽までの距離は約 0.15 Tm.

ートル程度である。したがって、空気中の酸素分子がベンゼンの直径程度の距離を横切る時間は一兆分の一秒程度になる。[1]

ところで、化学反応は分子が互いに衝突して結合の組み換えや電子の受け渡しを行うことであるから、反応の瞬間を観るためには分子どうしが接近している時間、すなわち一〇フェムト秒（fs）から数ピコ秒（ps）の時間を観測する必要がある。このような短い時間で起こる現象を直接観測するには、フェムト秒やピコ秒の時間だけ光るストロボが必要である。最新のレーザー技術を駆使すると五fs以下の光源をつくることができる。[2] したがって、原子・分子の世界を観測することは、超短時間で起こる現象を観測することに対応しており、この意味で超高速現象といわれる。

二　分子運動の観測

レーザーの開発によってストロボ光源が手に入っても、分子の写真を撮ることまではできないから、写真に替わる方法を考える必要がある。分子が吸収する光の波長（色）を調べたり、分子や電子が動くことで屈折率が変化する様子

（2）異なる波長の光を時空間的に重ねると、パルス光源になるレーザー光は単色光であるといわれているが、短パルスレーザー光は単色光ではない。短い時間だけ光るパルスは多くの周波数の光波を重ねる必要があるからである。五fsの光パルスは白色光に近い。

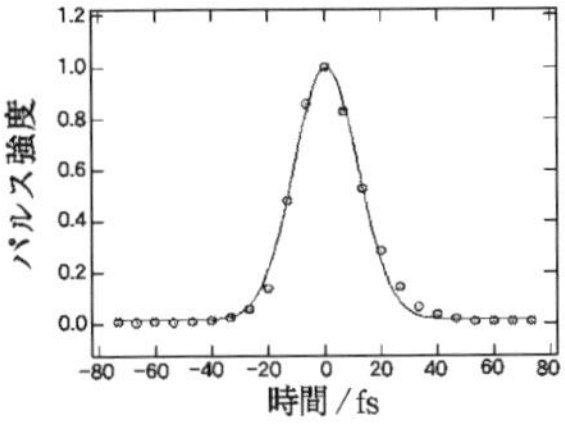

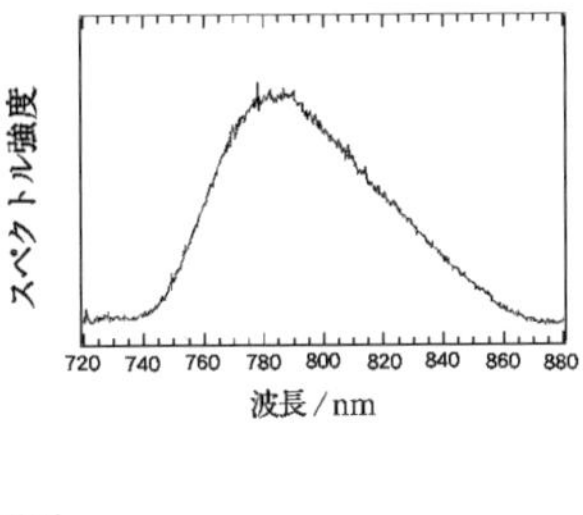

中心波長800nm、パルス幅が約10fsの光パルスの波長スペクトル。

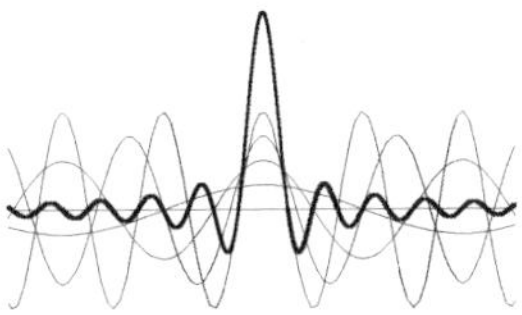

を調べることで、分子の運動や反応の進行する過程を観ることができる。つまり、写真を撮る替わりに分子が吸収する光の波長を調べて、どのような分子が存在するかを知る方法である。まず、ポンプ光とよばれる光を照射して分子を励起したり分子の向きを揃えたりする。これは分子に印を付けることに対応する。このポンプ光を照射した時間を時間の原点として、励起された分子や向きを揃えられた分子が時間の経過とともに化学反応を起こしたり、元の状態に向きを戻してゆく過程をプローブ光とよばれる光を照射して観測する。ポンプ光とプローブ光との時間差を、鏡を使って光が進む距離を調節することで、時間変化を調べる。このような観測方法は一般にポンプ・プローブ法といわれている(3)。フェムト秒の時間領域の実験では、波長分散の影響を考える必要がある。これは透明な物質中を光が通過する場合、物質の屈折率は波長に依存するからである。一般に、波長が短くなるにしたがって屈折率は大きくなる。この現象を波長分散という。光の進む速度は屈折率の逆数に比例するため、レンズやガラス板を通過すると長波長の光の方が速く進む。

図18にフェムト秒ポンプ・プローブ測定系の一例を示す。発振器からの光パルスはすべての波長の位相が揃っており同時に進んでい

(3) 試料にポンプ光を照射したのち、t秒後にプローブ光を照射して観測する。光の速度は一秒あたり3×10^8mであるから、プローブ光をポンプ光より〇・三ミリメートルだけ長い距離を走らせて試料に照射すると、tは一ピコ秒となる。実際には鏡を動かしてtを変化させる。

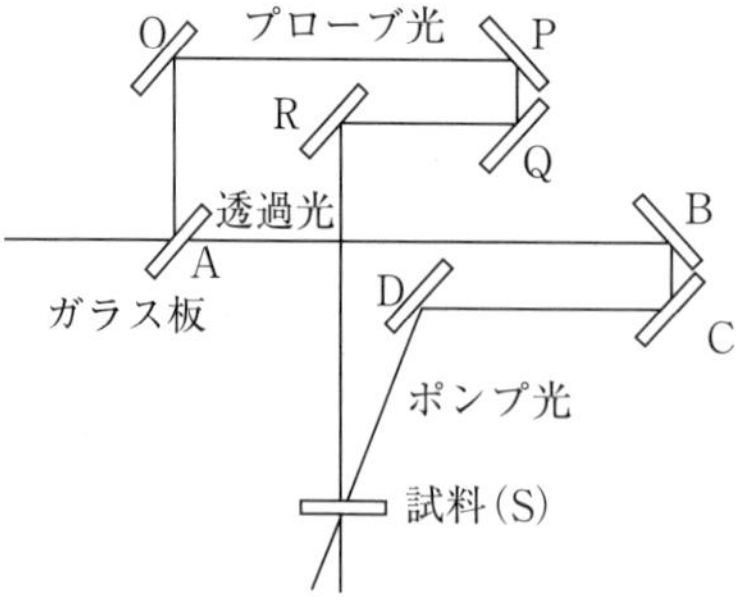

距離　AB＋BC＋CD＋DSと
AO＋OP＋PQ＋QR＋RSの
差でtは決められる

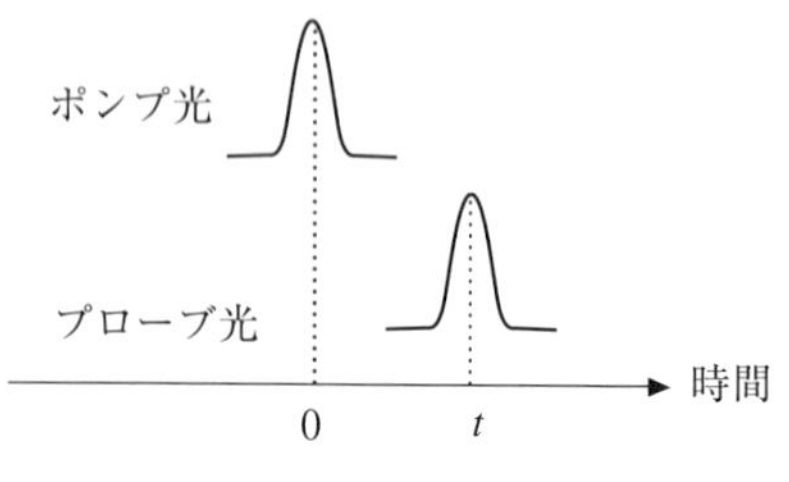

るが、鏡、ガラスフィルターあるいはレンズなどを通過して測定試料に到達したときには、短波長側の光が数百フェムト秒も遅く到達することになる。これでは時間の原点が定まらないので、図に示してある二つのプリズムP1、P2を使って短波長側の光があらかじめ先に進むようにしている。(4) こうして、試料に到

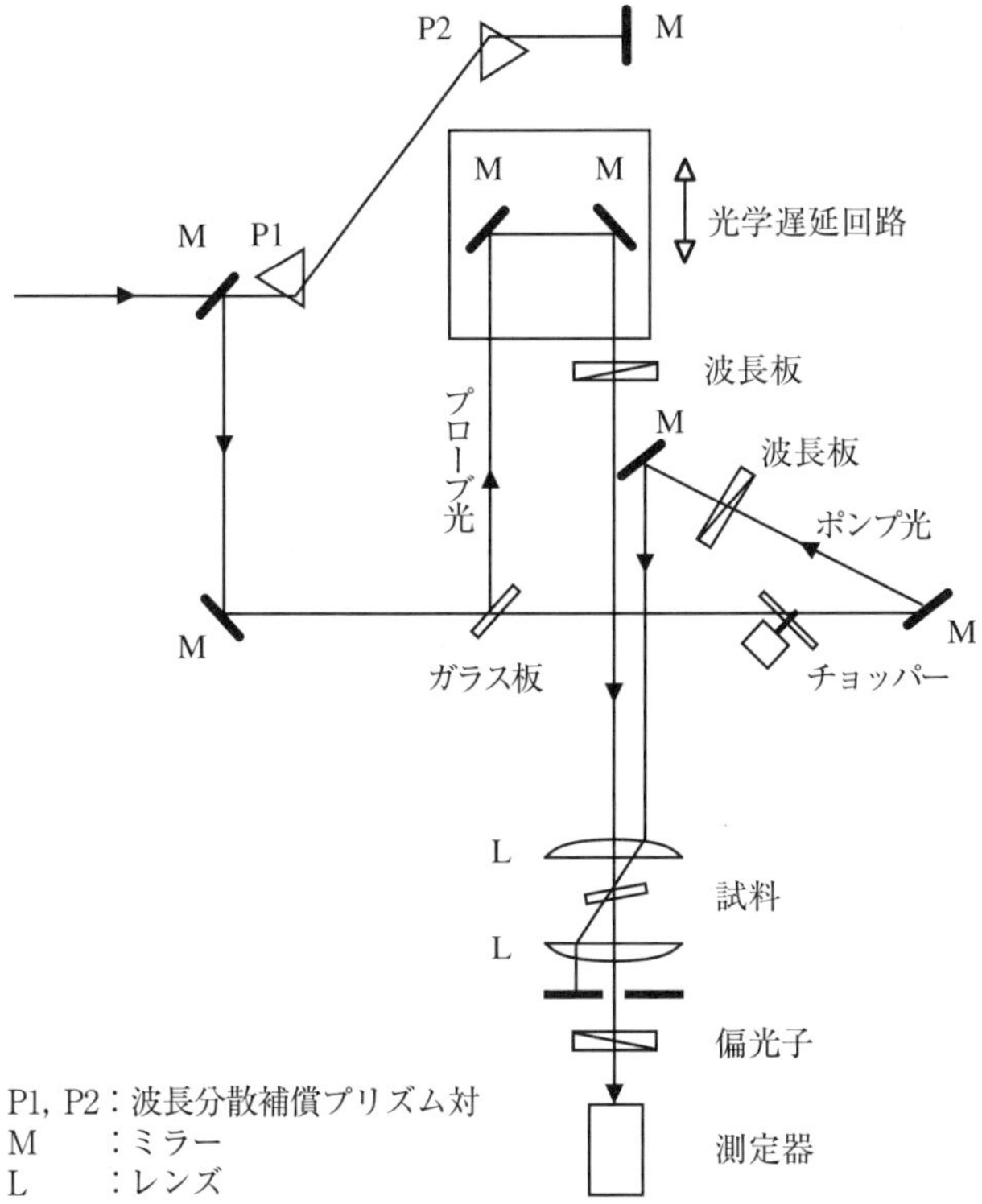

図18　フェムト秒ポンプ・プローブ法の一例

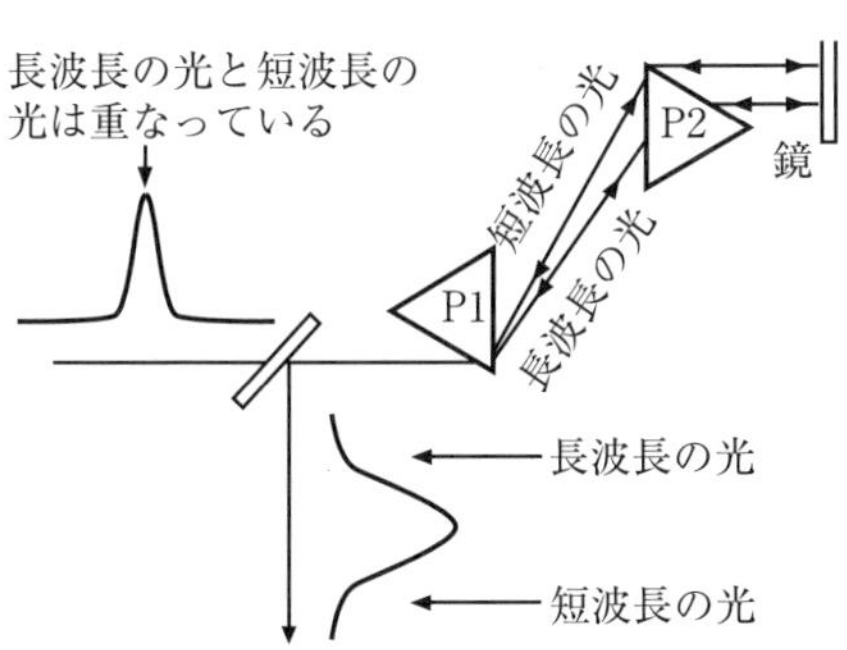

(4) プリズムを使った波長分散の補償法。P1に入射された光パルスのうち、屈折率の大きい短波長の光の方が大きな角度に曲げられる。このため短波長の光はP2の先端部分、すなわちプリズムの中の短い距離しか通過しないため、長波長の光より先に進めさせることができる。

達した時点ですべての波長の位相が揃うように調整する。プローブ光の鏡をミクロンオーダーの精度で動かして、フェムト秒の時間分解能をもたせた測定が可能となる。チョッパーは測定器からの信号をロックインアンプとよばれる増幅器で高感度観測するために使われている。図18には二枚の偏光子が使われているが、これは最も簡単な非線形分光法の一つである光カー効果[5]を測定するためである。二枚の偏光子の向きは直交しており、最初の偏光子1を通ったプローブ光は二枚目の偏光子2でブロックされ測定器には到達できない。

ポンプ光にフェムト秒の光パルスを使うと、瞬間的に分極し回転しはじめた分子が周囲の分子と衝突しながら、再び元の状態に戻っていく過程（この過程を、分子が光照射されたことの記憶を失う過程ともいう）を時間の関数として観測できる。記憶を失う過程は分子間の衝突などであるから、光カー効果の信号を解析することで分子が動き廻っている様子を知ることができる。

図19(a)に1-ペンテンの常温（液体状態）から低温（固体のガラス状態、ガラス転移温度は七〇Kである）までの光カー効果信号を示す。時間0での非常に強い信号は電子の分極を示しており、振動成分は1-ペンテンのねじれ振動である。指数関数的に減衰している部分は、分子衝突などにより記憶を失っていくことを示している。常温では二ピコ秒経ってもまだ記憶は少し残っていることがわかる。一方、低温では一ピコ秒ほどで記憶は失われている。

（5）**光カー効果**：直線偏光しているポンプ光が試料に照射されると、ポンプ光の電場方向に分子の電子雲は分極する。さらに、電気双極子をもつ分子は電場方向に分子の向きを変えようとする。このため試料液体の屈折率は等方的ではなくなり、複屈折が生じる。このとき通過したプローブ光はその偏光面が変化し、一部は二番目の偏光子を通過できる。この現象を光カー効果という。図18には二つの波長板が使われているが、これは測定感度を高くする観測方法であるヘテロダイン法を採用しているためで、本質的なことではない。

非線形分光法：光を照射したときに物質が応答するさまざまな信号は、光が弱いときは光強度に近似的に比例する。レーザー光の場合、とくにフェムト秒のパルスでは先頭出力がテラワット程度になるのはふつうであるため、光強度に比例しなくなる。このような場合、光強度の二乗、三乗と光強度のべきに比例する成分に分けて考える。二乗以上の項に比例するような応答を非線形応答とよび、非線形応答を利用して測定する方法を非線形分光法とよぶ。フェムト秒領域の実験は、非線形応答を利用する方が有利な場合が多い。光カー効果信号は光強度の二乗に比例する。

図19（b）は（a）の信号をフーリエ変換し、どのような振動数成分で分子が動いているかがわかるように書き換えたものである。たとえば、五〇 cm^{-1} の振動数は一周期が約〇・七ピコ秒の振動であり、振動数が少ないほどゆっくりした振動である。常温の振動数スペクトルには遅い成分が多く観測されており、分子が互いに入れ替わったり分子全体がゆっくり回転していることを示している。

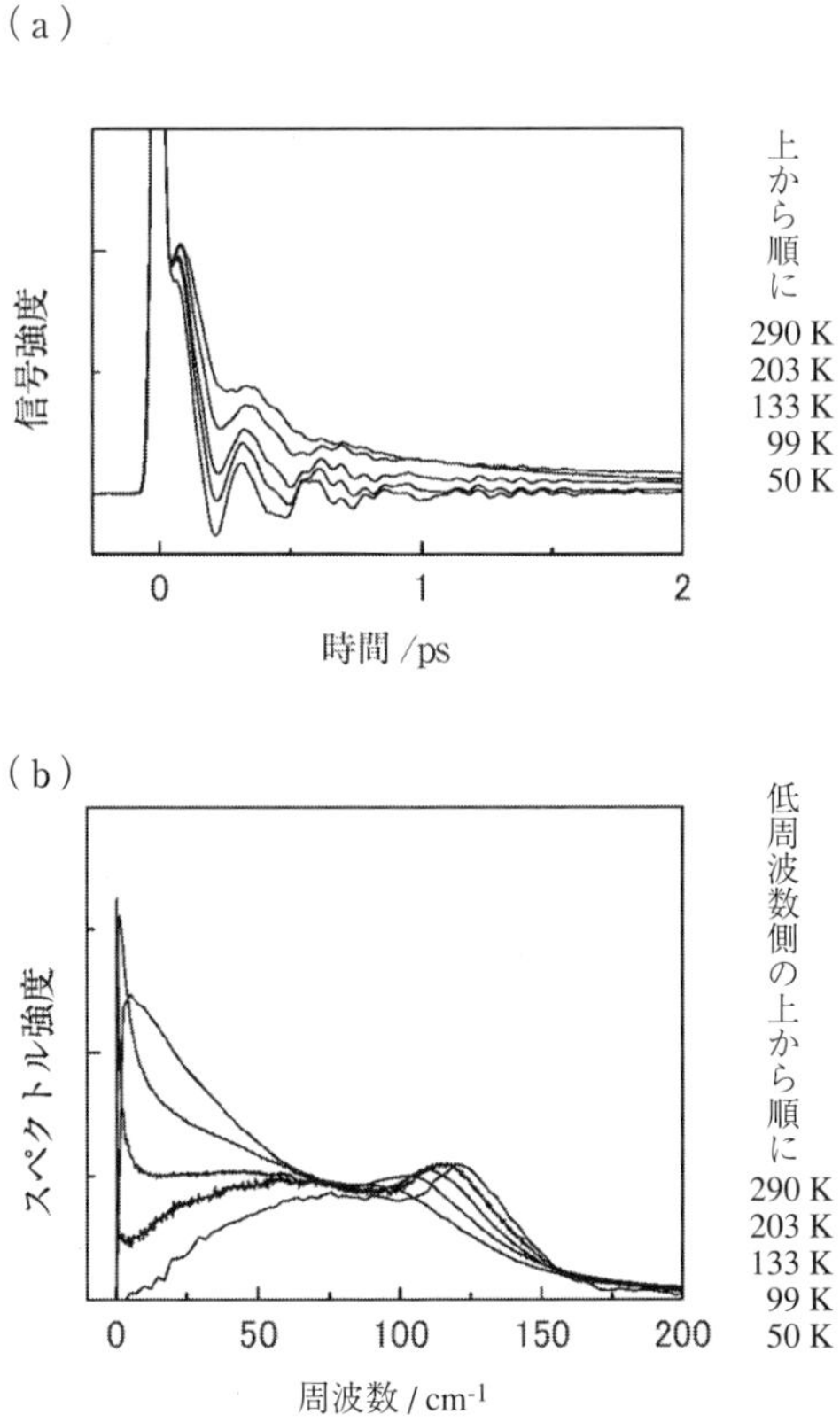

図19　（a）1－ペンテンの光カー信号と（b）そのフーリエ変換スペクトル

低温の場合は遅い振動成分が少なく、重心の位置は止まっていることを示している。ここではこれ以上詳しいことは述べないが、液体の液体らしさは最も周波数の低い部分に現れている。ガラス状態は、不規則な構造を保ちつつ、分子の運動が制限された液体の一つの極限状態として捉えることができるであろう。

三　溶液中の分子運動とスペクトル

溶液やアモルファス、ガラスなどの凝縮相で観測される吸収スペクトルや蛍光スペクトルは、一般にブロードである[6]。これは溶液中の溶質分子は多くの溶媒分子に取り囲まれて溶けていることによる。溶媒分子の配向の仕方（たかりかたの組み合わせの数）は非常に多いため〝不均一性〟とよばれる。たかりかたの違いは、個々の溶質分子の吸収や蛍光の遷移周波数（吸収や蛍光の波長）に微妙な差を生じさせる。このため溶媒配向の不均一性はスペクトルの幅を広げる要因の一つとなる。しかし、溶媒の配向の仕方は熱運動によって時々刻々変化しているため、凝縮相におけるブロードなスペクトルは光カー効果の測定で見られたように、静的な情報と動的な情報の両方を含んでいる。

ここで、現在考えられている液体中の分子運動に関する描像を大雑把に整理

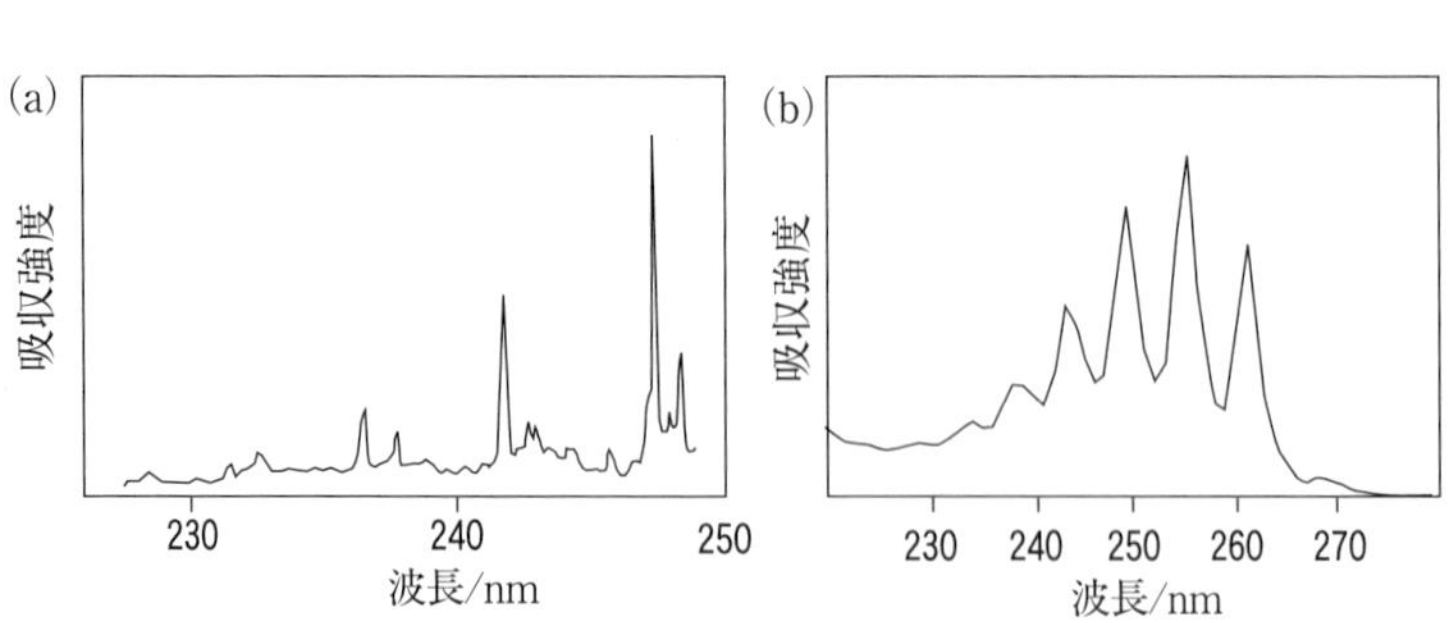

(6) ベンゼンの気相(a)と溶媒に溶かしたとき(b)の吸収スペクトル。

してみると次のようになる。

光の電場に対する分子の応答で最も速いものは電子雲の分極であり、これは光の電場の振動に追随できる。ついで赤外吸収やラマン分光で観測される分子振動である。分極や分子振動によって電荷が動くため分子の周囲の電場が変化する。これが局所的な〝分子場〟であるが、この分子場を介して分子間の相互作用が生じる。液体は連続的なものではなく個々の分子の集合体であるため、分子は分子場のもとで衝突しあっている。この衝突は分子間の振動に見立てて〝libration〟といわれる。衝突から次の衝突までの間の分子運動は分子場内の自由運動（慣性運動）であるため、この間に起こる分極やわずかな構造変化は、相互作用における〝慣性項〟とよばれている。分子振動、慣性項、libration はほとんどの場合一〇〇フェムト秒程度以下の時間領域の現象であり、超高速分光法で観測される。このような速い分子運動は液体ばかりでなく分子集合体に共通の現象であると考えられる。置換基や分子全体の回転はピコ秒から一〇ピコ秒の現象であり、分子位置の交換をともなう並進運動がこれに続く。液体に最も特徴的であり、まだほとんどわかっていないのが〝collective mode〟とよばれる集団運動である。これは液体中に分子の集合状態（不安定な構造）があると考え、この集合状態に依存する振動などのことである。たとえば、水素結合や疎水結合相互作用、分子の双極子間の相互作用などで集合状態が生じると考えられている。さらに、無極性のアルカン分子などで観測される数十ピコ秒の構造変化による緩和などがある。光の波長程度の領域のゆらぎは光散乱の実験で、より大きな領域の誘電的性質は誘電緩和法や超音波吸収の実験などで観測される。このように、フェムト秒から時間のオーダーまでの液体の応答がいろいろな方法で実測できるようになった。

以上述べたような〝液体〟中に特定の分子を溶かして観測されるのが、ブロードな吸収スペクトル、蛍光スペクトルである。最近の高出力で安定なフェムト秒レーザーの開発によって新しい超高速分光法が可能となり、凝縮相における吸収や蛍光スペクトルの線幅広がりの原因を調べる研究が大きく進展している。測定結果を解析することで溶質・溶媒相互作用のスペクトル密度が得られ、これを用いて吸収スペクトルが再現できる。したがって、分子間相互作用に関する情報がほぼすべて観測できるようになったと考えられるが、個々の分子の具体的な運動と結びつける分子論的な解釈は現状ではまだ難しい。

四　液体にものが溶けることについて

塩や砂糖が水に溶けるのは、結晶状態で塩や砂糖の分子同士がくっついているエネルギー（正確には自由エネルギーという）よりも分子一つひとつがバラバラになって水の分子に取り囲まれているときのエネルギーの方が安定であるからである。このような現象を調べる方法の一つとして、溶媒のたかりかたが変化する様を観測している。

思考実験として、液体中に分子を一つ投げ入れたとしよう。分子が入ってくる前は液体分子（たとえば水分子）同士がガサガサとぶつかりながら動き回っていたところに異なる分子が入ってくるわけであるから、その周りの液体分子（水分子）は以前とは異なったガサガサ加減になったり、新たに入ってきた分子の周りにたかったりするであろう。この様子を調べようとするわけである。ばらばらの分子を一瞬のうちに投げ入れることはできないから、溶媒分子が、ある特定のたかりかたをしている溶質分子だけが吸収する波長のレーザー光を照射して、その後の様子を観測する時間分解ホールバーニング分光（図20）とよばれる調べ方がある。すでに述べたように、溶媒分子のたかりかたは非常にたくさんあり、

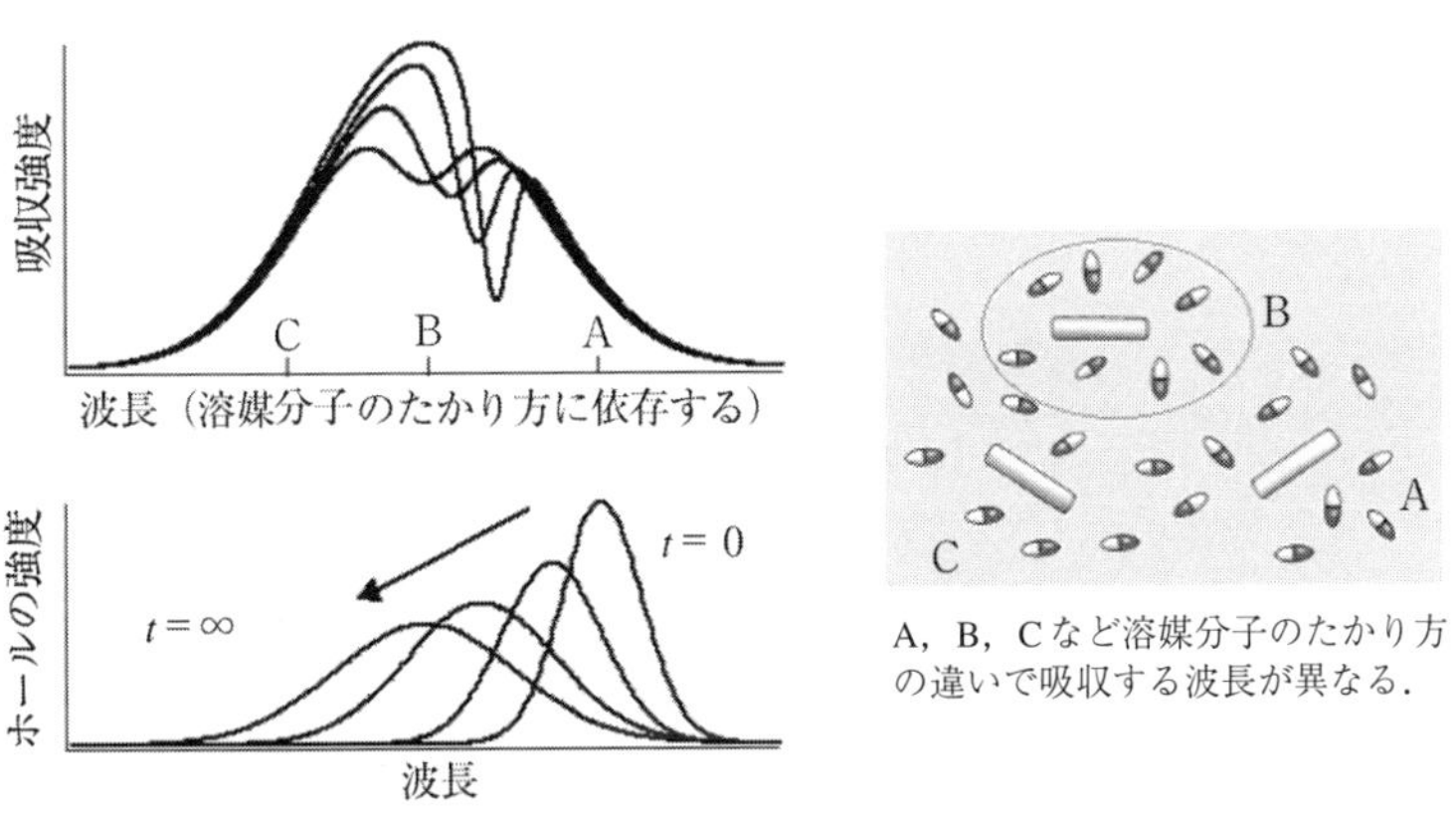

A，B，Cなど溶媒分子のたかり方の違いで吸収する波長が異なる．

図20　時間分解ホールバーニング分光の概念図

ある特定の配向状態にある分子のみを光で励起して吸収スペクトルに穴（ホール）をつくる．ホールの形は時間とともに変化し，ピーク位置は吸収スペクトルの極大値へ移動するとともにスペクトルの幅はしだいに広がり，吸収スペクトルのそれと等しくなる．このようにして溶媒のたかりかたの分布が回復してゆく様子が測定できる．

そのたかり方は時々刻々変化している。特定の溶質分子だけが吸収する波長のレーザー光を照射して、その直後から溶媒分子のたかりかたが変化するところを調べる。変化する時間は、分子が熱エネルギーで動き回り、互いにぶつかりあったり互いの位置を入れ換えたりする時間と考えられる。この様子をホールスペクトルの時間変化を通して観測する。

ホールのピーク位置のシフトは、系の平均エネルギーの緩和過程を示し、一方、ホールのスペクトル幅の回復は系の平均エネルギーのゆらぎが緩和する過程に対応しており、熱平衡状態に達するまで緩和が続くものと考えられる。溶媒を連続な誘電体として取り扱う理論では、これら二つの緩和の時間依存性は等しくなるが、実験結果は異なっていることを示した。この結果は、溶媒分子それぞれと溶質分子との相互作用を考慮に入れた統計力学的な取り扱いによっ

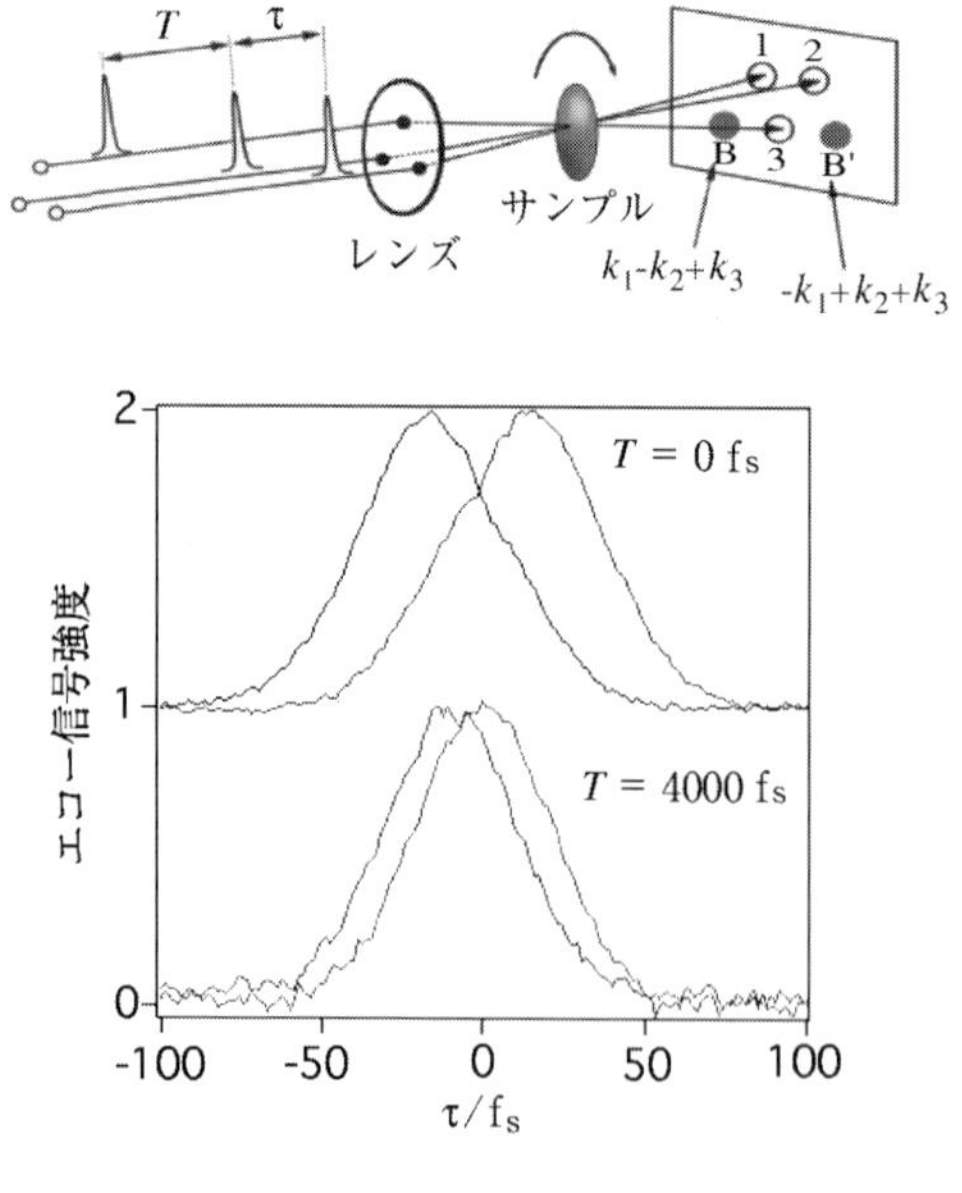

（7） 3PEPSの概念図

3PEPSの実験は、図に示すように、三つの光パルスを用いる。一番目と二番目のパルス間の時間差Tを、ある特定の値に固定して一番目と二番目のパルス間の時間差**τ**を変えながら、特定の二か所（図には-k_1＋k_2＋ k_3とk_1−k_2＋ k_3と書いてある）で観測されるエコー信号の強度を測定する。図には-k_1＋k_2＋ k_3とk_1−k_2＋k_3の二つの位相整合条件をみたす方向に現れたエコー信号が示してある。Tが〇から四〇〇フェムト秒に増加すると、二つのエコー信号が互いに近付いてくる様子がわかる。エコー信号のピーク位置の差をTの関数として測定すると、3PEPS信号が得られる。この測定法はフェムト秒領域まで観測することが可能で、時間分解ホールバーニング分光法とほぼ同じ情報を与える。3PEPS信号の時間依存性は溶質分子の周りを取り囲む溶媒分子の配置が熱平衡分布にいたる過程、すなわち自由エネルギーが安定な方向に進む過程を示している。3PEPS法は、最近では極性、無極性溶媒のみでなく、ポリマーガラスやタンパク質の研究にも応用されている。

て理解する必要があり、現在急速に発展しつつある分野である。

　このホールバーニング分光の実験方法はわかりやすい手法であるが、フェムト秒領域の超高速過程を研究することはむずかしい。その理由は、光パルスの時間幅を狭くしてゆくと、すでに説明したように、スペクトル幅が広がるため、溶媒分子が特定の配向状態にある溶質分子だけを励起することができなくなるからである。フェムト秒領域を調べる方法の一つに3パルスフォトンエコーピークシフト（3PEPS）とよばれる新しい非線形分光法がある[7]。この測定法の原理はむずかしいので省略するが、溶質と溶媒分子との間に不均一な相互作用がある場合に適用される。

　図21(a)に3PEPS信号の例を、同(b)には、測定に用いたレーザー用色素のナイルブルー（NB）の構造式とメタノール溶液の吸収スペクトルを示す。比較のため励起に用いたパルス幅約三〇フェムト

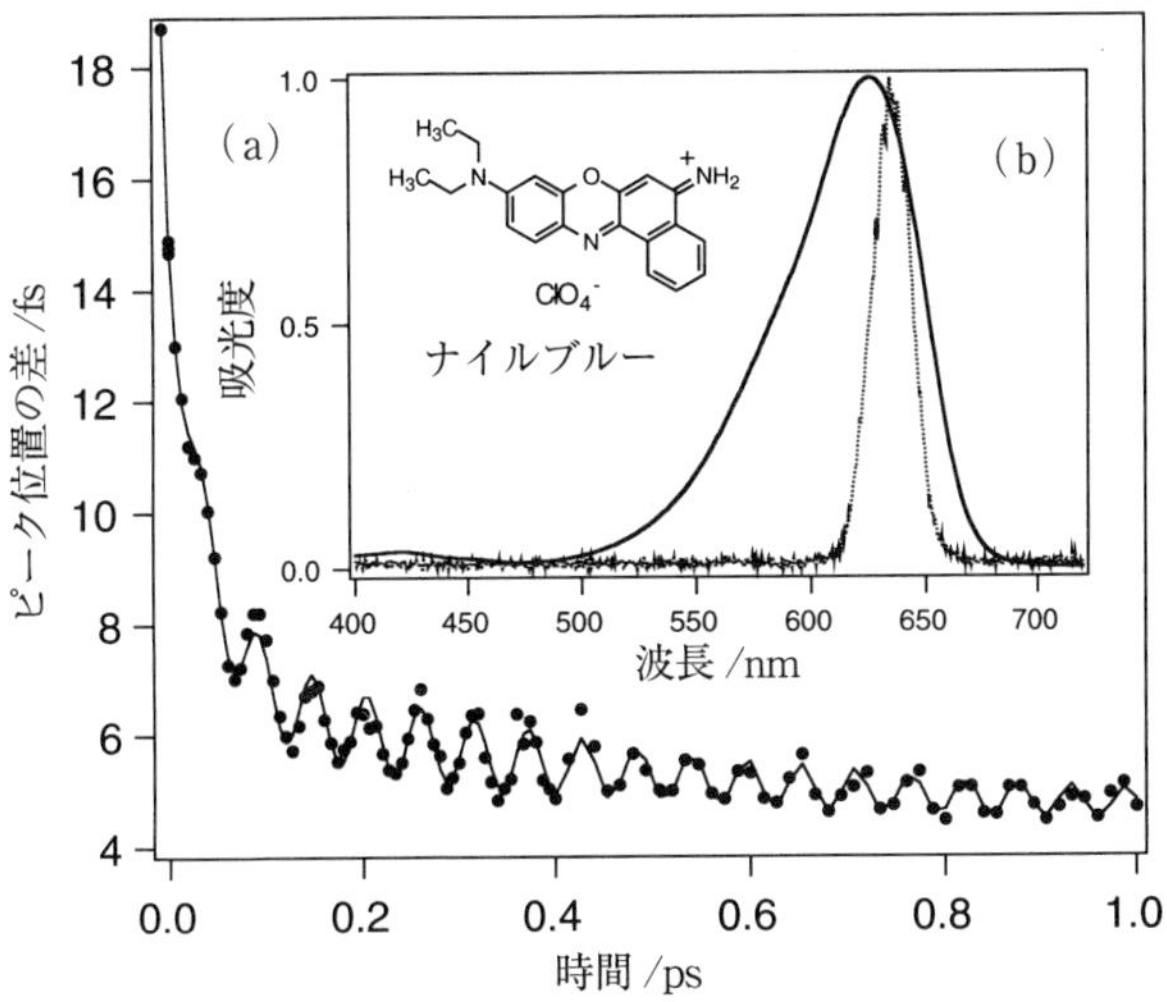

図21　(a) メタノール中のナイルブルーの3PEPS信号と(b)その吸収スペクトル
破線はレーザーパルスのスペクトル.

秒、中心波長六三五ナノメートルのクロミウム：フォルステライトレーザーのスペクトルも示す。信号に現れている約六〇フェムト秒の周期をもつうねりは、ノイズではなくてNBの五九五cm^{-1}の分子内振動である。五〇フェムト秒以内のいちばん速い減衰は、第一溶媒和殻内の溶媒分子の慣性応答項と、分子内波束の消滅的干渉によるものである。実験時間範囲では、減衰しきっていない成分も観測されているのがわかる。ピコ秒領域の減衰は溶媒の性質に強く依存し、低温ガラス中では分子の位置が固定されているため、局所的な不均一性が残り、減衰しなくなる。

この測定結果を最近の理論の助けを借りて解析すると、液体中の分子運動の分子論的な解釈が可能になる。いずれにしても、周囲の溶媒分子のたかりかたが安定な分布に落ち着く過程は、まずはじめに非常に速い過程があり、その後徐々に落ち着いていく過程があることを示している。これは、分子の運動にも階層性があり、このメカニズムを解明することが液体中の化学反応を解き明かすことを示す。

五　タンパク質中の反応と機能発現

地球上のほとんどすべての生物は太陽エネルギーに頼って生きている。多くの生物は植物の光合成によってつくり出された有機物を、直接あるいは間接的にエネルギー源としている。葉緑体で吸収された太陽光のエネルギーは反応中心に効率よく集められ、そこで電子の移動と電子の受け渡しによって正負イオンの対となって、光エネルギーが化学エネルギーに変換されている。植物の葉ではこのようなことを二回行って水分子を分解して酸素と水素（正しくは陽子）をつくり、有機物合成のエネルギーを得ている。一九八三年に、光合成をしている細菌の反応中心のX線構造解析がなされ、分子の配置が明らかになった。この結果、光合成反応のメカニズムに関する研究が大いに発展した。

タンパク質中のいろいろな反応は、タンパク質の構造や周囲の分子の揺らぎを巧みに利用して、効率的な反応を行っていると考えられている。しかし、通常の生理条件下の反応ではそうした揺らぎは平均化されてしまい、散逸的な指数関数で減衰する緩和過程だけが観測されるため、どのようなタンパク質の運動モードが鍵を握っているかを調べることはむずかしい。超高速レーザーを用いた反応の追跡では、系をある瞬間からいっせいにスタートさせるため、きわめて効率よく行われている生体反応の鍵を握る特有な分子運動を観測できる可能性がある。ここでは光合成系などで電子輸送を担っていることが知られているブルー銅タンパク質のプラストシアニンを用いて、電子輸送反応の過程を測定した結果を紹介する。

プラストシアニンは、光合成反応中心の光化学系Ⅱのシトクロムb_6-f複合体から、光化学系Ⅰへ電子伝達をする2価のブルー銅（Cu）タンパク質である（図22）[8]。プラストシアニンの活性部位には、Cu^{2+}イオンとそれに配位結合している四つのアミノ酸残基があり、そのうち二つはシステインとメチオニンの硫黄（S）原子で、残り二つはヒスチジンの窒素（N）原子である。この活性部位は電子伝達の反応場であり、生理条件下の電子輸送は、Cu^{2+}イオンからシステ

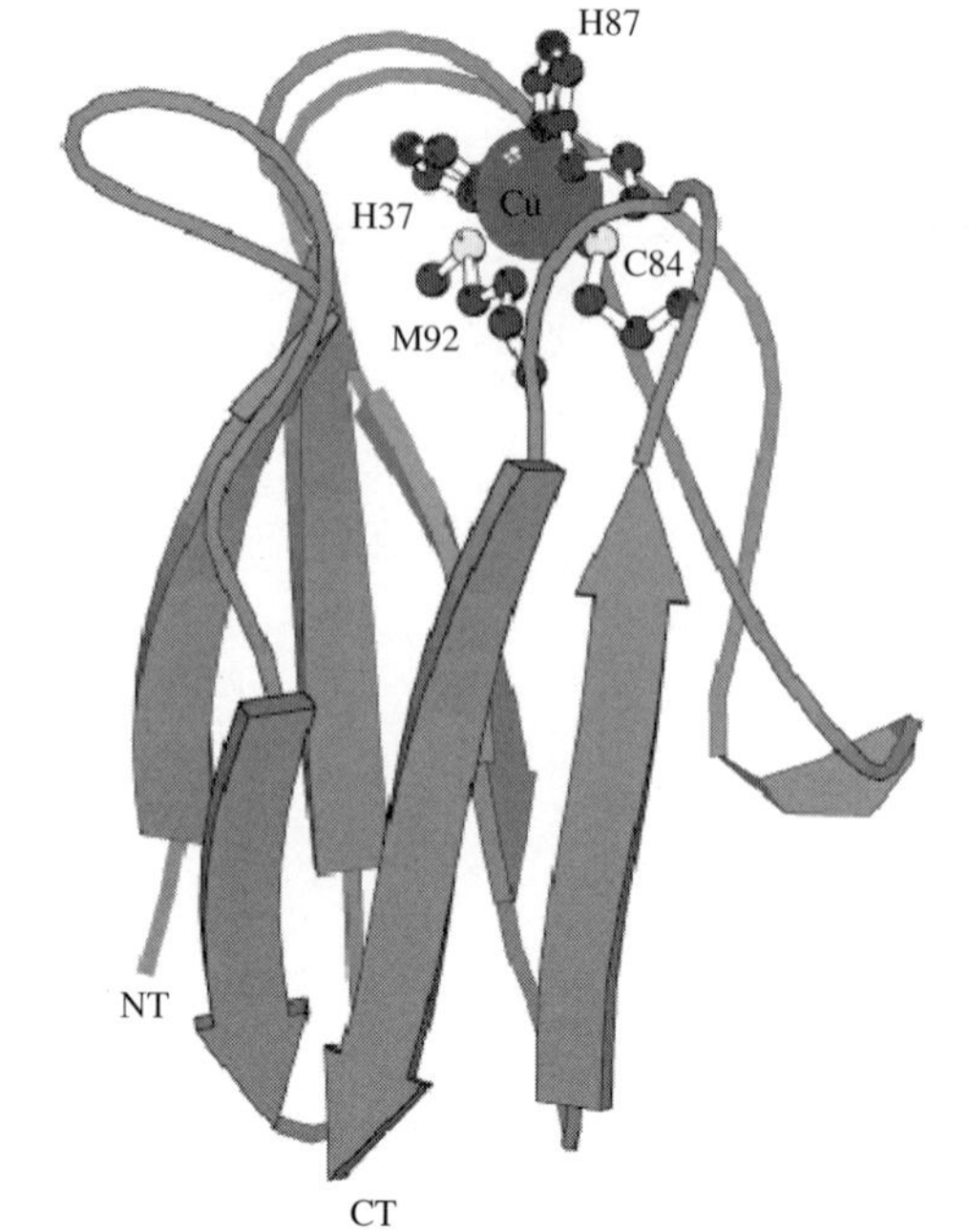

図22　プラストシアニンの構造とその活性部位

H：ヒスチジン，M：メチオニン，C：システイン．板状に示された部分は，タンパク質のヘリックス構造を示している．

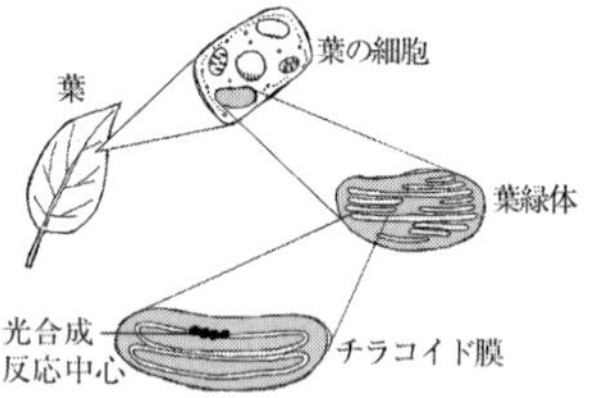

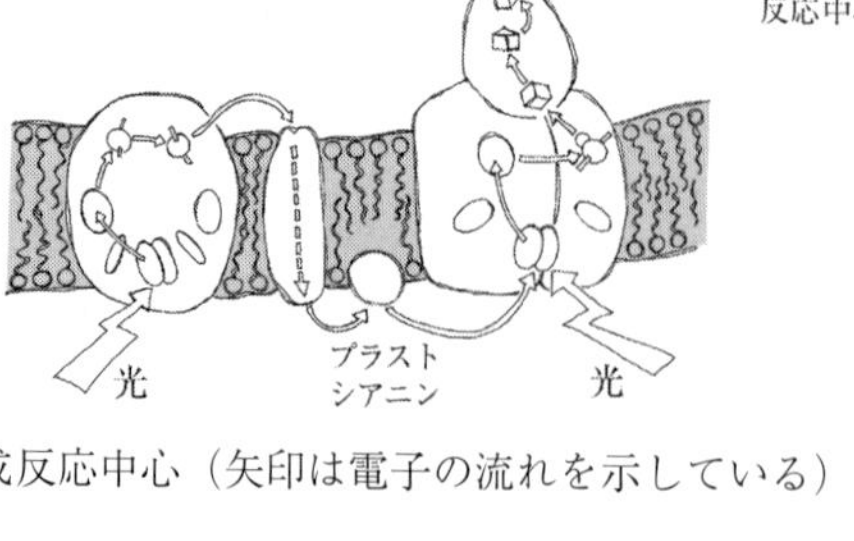

光合成反応中心（矢印は電子の流れを示している）

（8）植物の葉緑体にある光合成反応中心の模式図とプラストシアニンのある場所。

インのS原子を経由して運ばれていることがわかっている。構造はひずんだ四面体構造をしており、通常のCu^{2+}錯体と比較すると異常な構造をしている。これはタンパク質の骨格によって構造が強制的にねじ曲げられているためで、システインのS原子と銅イオンとの間の共有結合性が増している。この強い共有結合性により、システインのS配位子から金属（Cu^{2+}イオン）への電荷移動（LMCT）による大きな吸収帯が六〇〇ナノメートル付近に現れる。この電荷移動はシステインのS配位子と銅イオンの結合を通して起こるので、レーザー光照射によってLMCT状態から基底状態へ緩和する過程、すなわち銅イオンからシステインのS原子へ電子が戻る過程を調べることは、実際の電子伝達と同じ方向に電子を動かすことに対応しており、タンパク質の機能発現のダイナミクスに関する知見が得られると考えられる。

　室温におけるプラストシアニンのポンプ・プローブ測定の結果を図23に示す。LMCT状態の寿命は非常に短いため、レーザー光照射直後に電子はシステインに戻る。ポンプ・プローブ信号は振動しながら一ピコ秒ほどで0に戻っており、

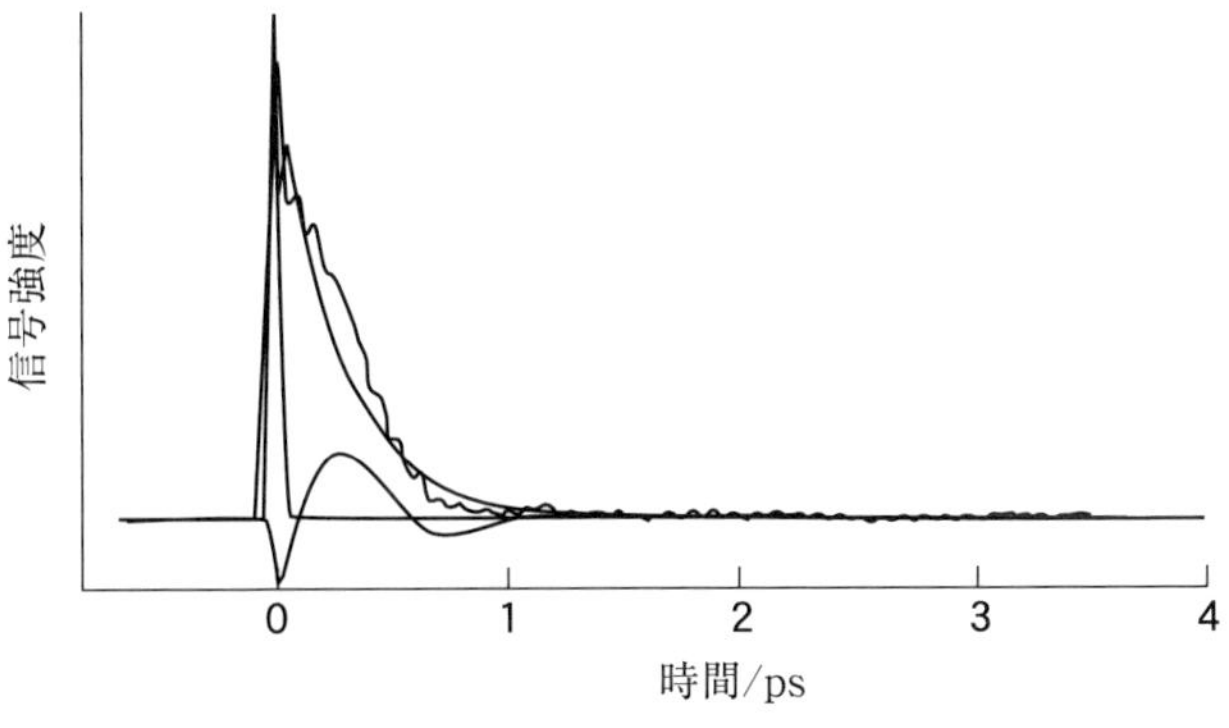

図23　プラストシアニンのポンプ・プローブ信号とそのフィッティング結果

振動しながら減衰している曲線がポンプ・プローブ信号．この信号は，共鳴ラマンスペクトルで観測されている振動成分と図に示した指数関数およびゆっくりした振動との和で再現できる．少し遅れて始まっている振動が33 cm^{-1}の振動数をもった振動である．

振動成分だけがその後もしばらく続いている。一ピコ秒ほどで0に戻る成分は、光によって銅原子に移動した電子がシステインに戻る過程で生じた不安定な構造の緩和過程とみることができる。

プラストシアニンの振動状態はその電子状態とともに詳しく研究されており、共鳴ラマンスペクトルによる振動状態の研究によると、三〇〇 cm^{-1} から四五〇 cm^{-1} 付近の振動モードは銅とシステインのSとの伸縮振動に、システインの変角振動が混ざり合っていくつかに分裂したものであり、二六〇 cm^{-1} 付近の振動モードは銅とヒスチジンのNの間の伸縮振動とされている。

プラストシアニンの活性中心の周りは単純な構造をしており、上に記した振動モード以外で活性中心に局在化したモードはないと考えられている。

ポンプ・プローブ信号をフーリエ変換により振動成分に分けて解析すると、上に述べた振動はすべてその強度も含めて再現された。すなわち、これらの振動はレーザー光照射によりいっせいに開始した基底状態の振動がポンプ・プローブ信号に含まれていることを示している。ポンプ・プローブ信号からこれらのラマン過程による振動と、指数関数で減衰する一ピコ秒ほどで0に戻る成分を差し引くと、位相が他の振動と比較して一二〇度ほどずれているゆっくりした振動が現れてくる。これは三三 cm^{-1} の振動数をもち、約三六〇フェムト秒で減衰する（振動が収まる）ような振動である。位相がずれているということはレーザー光照射により直接開始した振動ではなく、反応か何かが起こったことにより始まった振動であることを示している。

三三cm^{-1}の低い振動数をもった振動が生まれた由来について考えてみる。これまでに行われた多くの研究結果と合わせて考えると、この振動はタンパク質の骨格振動と考えられる。通常、溶液などランダムな系での化学反応では、反応系と活性錯合体（生成系へ移行するための中間体）は平衡状態にあるため、生成系への緩和は散逸的になると考えられている。別の言い方をすれば、反応系から活性化状態への励起は溶媒のゆらぎなどランダムな過程を通じて起こり、確率論的である。このような過程の場合、緩和は指数関数となる。プラストシアニンでの電子移動反応で新しい振動が生じたということは、こうした仮定が成り立っていないことを示している。実際、この低い振動数をもった振動は位相が一二〇度遅れており、反応によって誘起されたものであることを示している。タンパク質の機能発現はこのように特定の振動（タンパク質骨格の局所的な運動）が反応と結合しており、このことが重要であると想像される。この実験によって、電子輸送を効率よく行うための仕組みの一つである特定の振動が見つかったのではないかと考えている。

おわりに

液体中の化学反応の研究について述べたわけだが、最後に、液体中の化学に関する私なりの思い入れについて触れておく。

最近、「複雑系」という言葉がよく使われるようになってきた。生命活動におけるさまざまな反応、地球規模の環境問題や経済の変化などはまさに「複雑系」である。われわれが興味をもって進めている溶液中やアモルファス、ガラス中の分子運動も、比較的取り扱いやすい複雑系の部類にはいる。溶液中のダイナミックな分子運動を理解するには、化学的知識はもとより他の学問領域の知識が必要で、従来の、物理、化学、生物といった領域を越えた境界領域に属するため、たいへんであるが面白い分野の一つと思っている。

化学反応は多くの場合、溶液中や界面、表面などの凝縮相で行われる。また、生体においても、タンパク質や細胞膜および水を主成分とする不均一な溶液中に配置された機能分子集合体の化学反応が中心になって、エネルギー変換と情報伝達、さらには傷ついた細胞の修復までもが行われている。このような溶液中の化学反応を支配している原理は、ICに代表される固体中の電子をコントロールする装置の組み合わせで多くの機能を発揮させるシステム作りの考え方とは異なっているのではないかと思える。

溶液中の分子運動は、ある微少な局所領域を考えると決してランダムではなく、なんらかの規則性、集団運動が存在し、これが溶液中の反応を支配している可能性があり、その分子論的な描像はいまだ明らかになっていない。溶液やガラス状態の分子運動を、溶質、溶媒分子の化学的・物理的性質で決まる分子集合体の運動として表現しようとする研究が必要であろう。生体中の組織は化学反応を使ってその機能を発揮しているため、分子が適当に動けることが必要である。この「分子が動くことができる」ことによって、一つの組織で多様な機能を発揮することも可能になっている。液体中の基礎的な研究がいずれ、かなり先のことになろうが、多くの機能を兼ね備えた液体装置へと進むことを期待している。

参考文献

入門書、啓蒙書

（1）分子科学研究振興会編『新・分子の世界』化学同人（一九九五）。
（2）レーザー技術総合研究所編『ビジュアル　レーザーの科学』丸善（一九九七年）。
（3）日本生物物理学シリーズ・ニューバイオフィジックス刊行委員会編『電子と生命――新しいバイオエナジェティックスの展開――』共立出版（二〇〇〇年）。

第三章　新しい光の科学

——時空間を行き交って光をコントロールする——

小林哲郎

光は空間を走る波の一種で、この世界で最も速く情報やエネルギーを運ぶことはみなさんご承知のとおりである。最近、光通信が情報技術の中心としてもてはやされているが、情報媒体としても光の歴史は非常に古い。私たちが景色を眺めるときや友人や恋人と向かい合って顔や仕草を眺めながら語り合うときに光を介し視覚を通して情報を得ているように、多くの動物たちにとって光は太古より情報の媒体であった。また、のろしや手旗信号も光通信のはしりと考えられる。いま、社会の情報化が急速に進み、飛び交う情報量が爆発的に増大している。その中で最も大容量を必要とするのが光にかかわる画像情報であるが、そこはうまくできたもので、このような大容量の情報を伝送できる能力をもつのもまた光である。ここではこの大きな可能性をもった光を時空間でコントロールしようと試みている筆者らの研究の一端を語ってみたい。時空間をまたにかけて活躍できる、光のもつすばらしい能力の一端をかいま見ていただければ幸いである。

一　光、そして時間と空間

私たちは、無限に広がる夜空を眺めていると心がゆったりし、日常のちっぽけないさかいなどどうでもよいような気になる。何十億光年のかなたで輝く星は、空間的にも時間的にも私たち人類のとうてい及ばない遠くの世界にあるからである。(1) そしてこのとき、私たちの頭の中では時間と空間は同じ次元で融合し、とりたてて区別していないような気がする。(2)

さて、ウインクや手旗信号などの古典的な通信から、最先端の光ファイバー通信まで、伝送情報は何らかのかたちで光の特性の時間的変化として伝えられているが、多くの場合、入出力部では、文字や画像など空間情報となっている。光にかかわる情報を考えるうえで、空間と時間の双方が重要であることは理解できよう。私たちが光をコントロールするということは、光の特性を空間的あるいは時間的にコントロールすることになる。

光は電波と同様に電磁波の仲間であることはよく知られている。図24に、波

(1) いま見えているのは地球が生まれる以前の姿かもしれない。

(2) 光年は時を表す年を用いていながら、空間的距離の単位に用いていること自体が象徴的である。

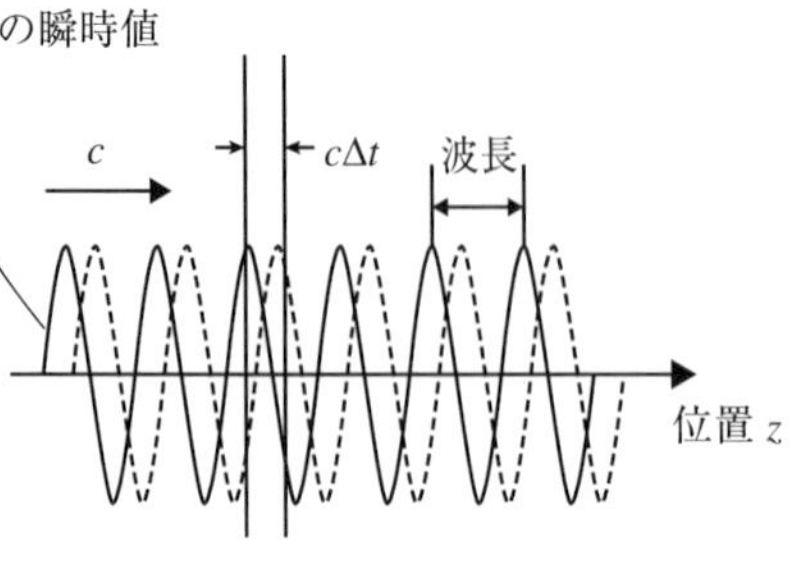

図24　光の波の基本

波線は時間Δt後の波，cは光速で，振動数(周波数)×波長になる.

が空間を進む様子を示す。波の山から山までの間隔が波長である。周波数は一秒間に通過する山の数でもあるので、光の速さは周波数と波長の積になる。言い換えると、周波数は光速を波長で割ったものである。波の強さは波の山の高さに対応する。エネルギーやパワーでいうなら、正確には高さの二乗に比例する。位相はもう少しむずかしい概念であるが、単純に考えれば、一周期のうちのどこかというようなことであろう。たとえば、山の位置とか谷の位置とかその中間とかである。一周期を三六〇度の角度に割り当てたとき、いまの位置は何度に当たるかを[3]、位相あるいは位相角としている。

以上が波の時間的変化に関連するパラメータであるが、このほか、光ビームの位置や進行方向やビームの太さなど空間に関するものがある。私たちは、これらをコントロールすることになる。

二　空間域で光をコントロールする

空間域で光を制御する基本光学素子 ——プリズムとレンズ——

まず、簡単ないくつかの空間的光学素子とその役割について述べる。図25に代表的な空間的光学素子を示す。ガラスのように透明で厚さが一定の板を光が通ると、空気中を通るより時間がかかり、同図(a)に示すように時間的な遅れ、

(3) 度ではなくラジアンで表す場合が多い。

さらに波としては位相の遅れを生じる。

次に板の厚さが一様でなく傾斜している場合を考える。プリズムやレンズがこれに相当する。ある太さの光ビームがここを通過すると、ビームの断面内で光が通過する板の厚さが変わるため、出口ではビームの波面（等位相面）が傾き、その後の進む方向が変わることになる。同図(b)のように直線的に厚さが変わっているプリズムでは、波面は一定の角度だけ傾くので、結果としてビームの進行方向が一定の角度だけ変化する。これが偏向といわれる。同図(b')に示すような傾いた反射鏡も、反射光ビームでは断面内で時間、位相遅れが直線的に変わり、同じ原理で偏向される。

同図(c)のレンズは、よく見ると各部がプリズムの一部となっており、プリズムの集まりとも考えられ、この傾きが場所によって異なるので、光を当てた場合、偏向角がレンズの場所によって変化することになる。傾きがレンズの中心からの距離に比例して変わる場合[4]は平行に進む多くの光ビームが一つの点で交差して、集光された

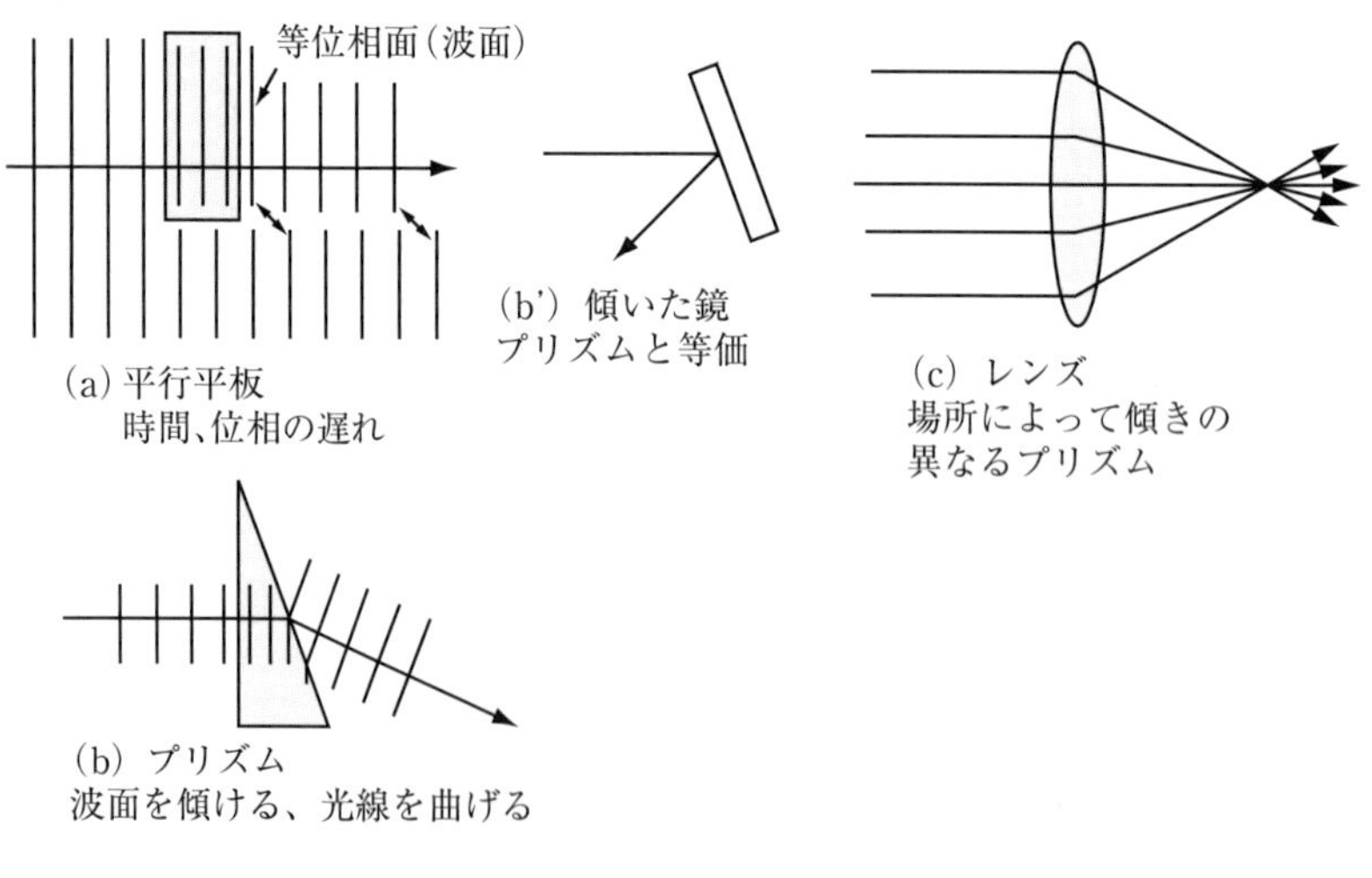

図25　空間で光を制御する基本光学素子

り（凸レンズ）、一つの点から出てきたように発散したりする（凹レンズ）。プリズムが傾いた鏡に対応したように、レンズに対応する鏡は凹凸面鏡である。

レンズはこれ以外にも位置の違いを向きの違いに置き換えたり、向きの違いを場所の違いに置き換えたりするはたらきももっている。光ビームの向きとその位置は光の時間波形と周波数分布の関係に似て、これから述べるように互いにフーリエ変換の関係にある。

光とフーリエ変換

これは理科系の大学でやっと習うむずかしい概念であるが、情報処理や通信では非常に大事な考えであるので、そのエッセンスを筆者なりにやさしく説明してみよう。

図26（a）は単一の周波数のサインウェーブ（正弦波）で強さは一定である。そこで同図（b）にはこれと少し周波数の異なる正弦波を重ねて表示してみた。この図からわかるように、二つの正弦波がほとんど一致して重なっているところが周期的に現れている。ここでは、二つの波が同時に山あるいは谷になっている（同位相であるという）ので、合成すれば波は強め合うことになる。逆に、一方の波が山のときに他方が谷になっているところ（逆位相という）も、同じ周期で現れている。ここでは二つの波を重ね合わすと、互いに弱め合う。実際

（4）この場合、厚さが位置の二次関数で変わり、波面はほぼ球面状になる。

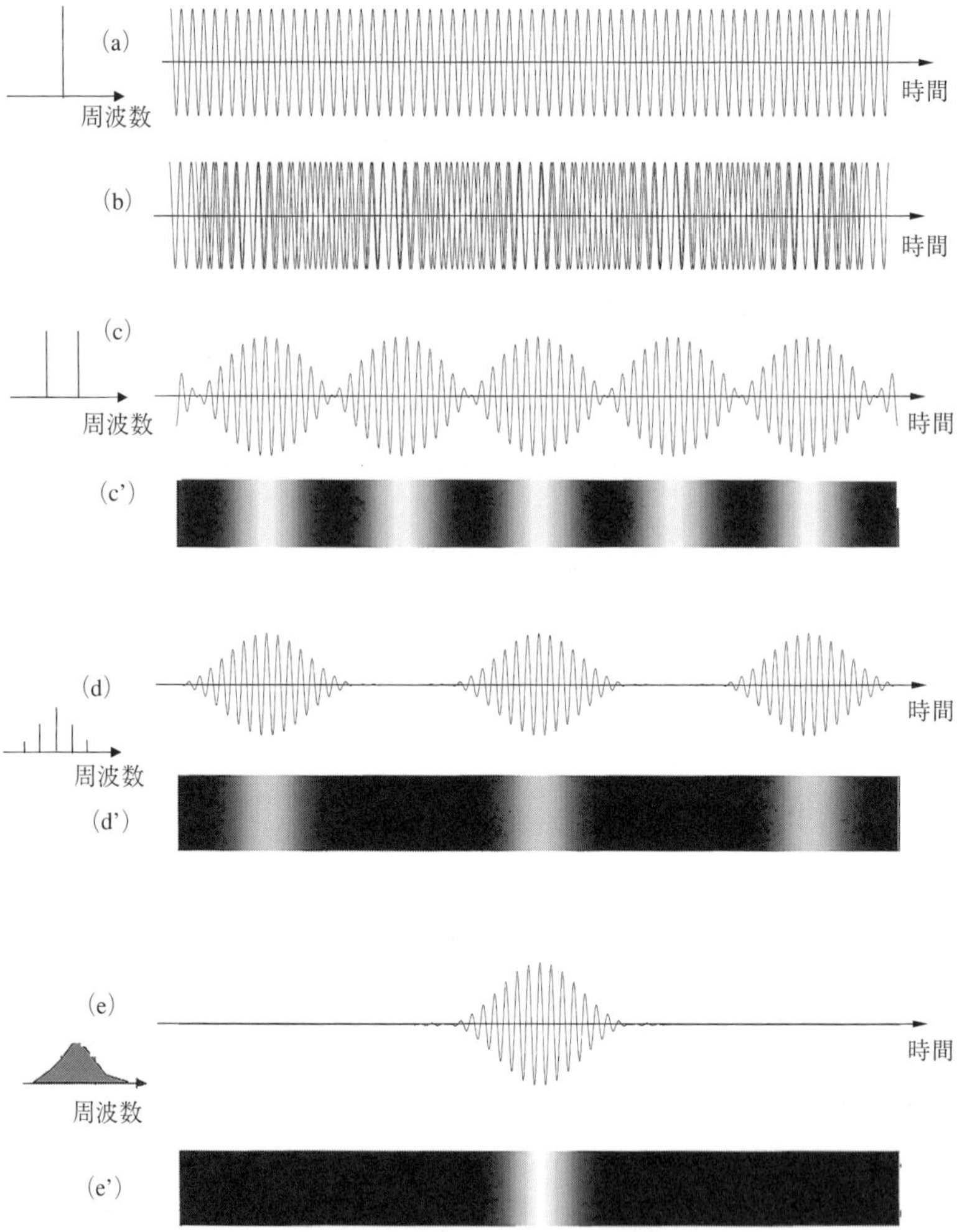

図26　時間領域のフーリエ変換—時間と周波数—

に二つの正弦波を合成して表示したのが同図（c）で、二つの波の周波数の差でうなり（ビート）を生じる。これは波の干渉としてよく知られている現象である。周波数の異なる二つの音叉を同時に鳴らしたときのことを考えれば想像がつくであろう。（c）における光の強弱を色の濃淡によってあらわしたのが同図（c'）である。二つではなく、もっと多くの周波数の異なる波を適当な割合で重ね合わすと、合成した波の波形はもっと多様な形を取る。逆にいうと、そのような多様な波形の波は多くの異なる周波数の正弦波の合成からなっているといえる。図26の（d）、（d'）、（e）、（e'）は周波数の異なる多くの波、ただしそれらは、ある時刻にはすべて同時に山になるように位相を調整して合成したもので、光の固まり（光パルス）ができている例である。周波数差が大きいほどすぐに位相がずれ、合成光が弱まるので、パルスの時間幅は短くなる。いまの場合のように、周波数の異なる多くの正弦波を合成して短い光のパルスをつくった場合、パルスの時間幅はほぼ周波数の広がりの逆数程度となる。(5)

以上のように、時間軸上の任意の波形は種々の周波数の正弦波を重みを付けて、適当に位相合わせをして重ね合わせると合成できる。いま、周波数νの成分が$g(\nu)$だけある（大きさが$g(\nu)$の絶対値だけあり、その位相は$g(\nu)$の位相と同じ）として、それらの周波数成分を合成して時間波形$f(t)$ができるとすると、$f(t)$のもつ周波数νの成分は$g(\nu)$であり、$g(\nu)$を$f(t)$のフーリエ変換という。

（5）この具体例は第四節で登場する。

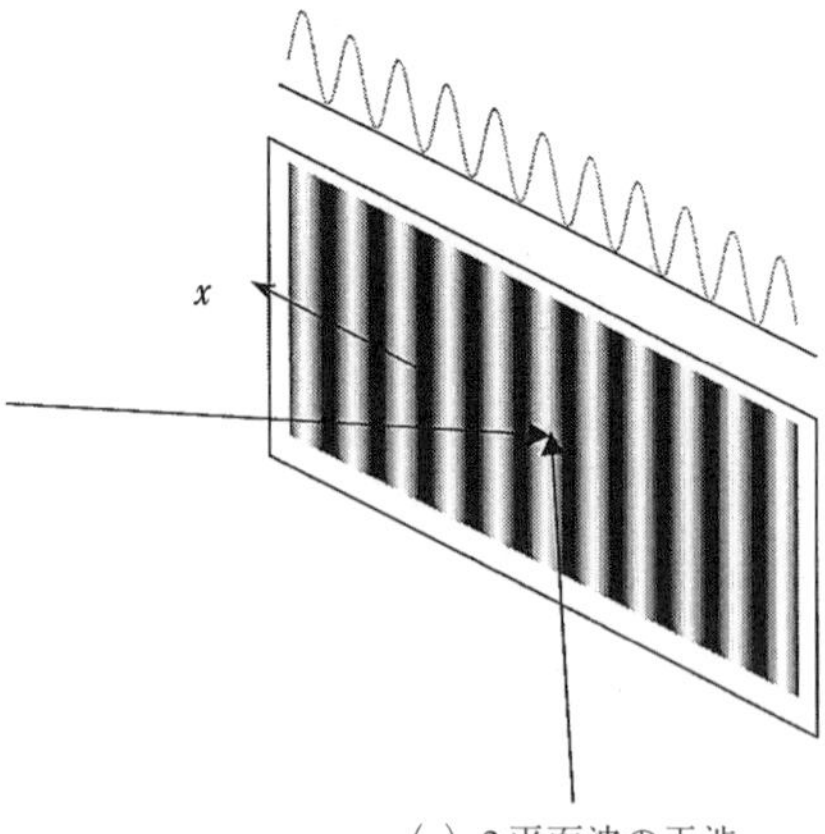

(a) 2平面波の干渉

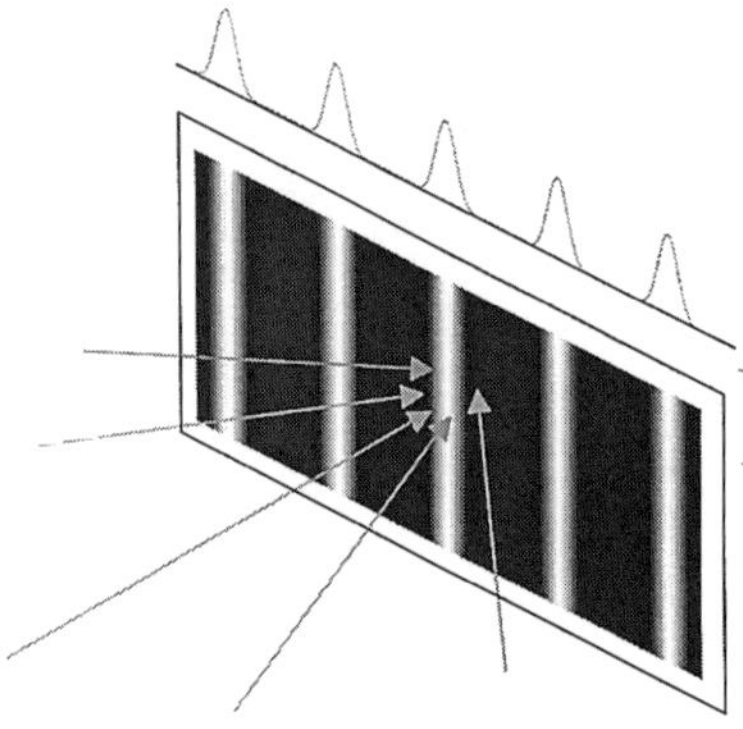

(b) 5平面波の干渉

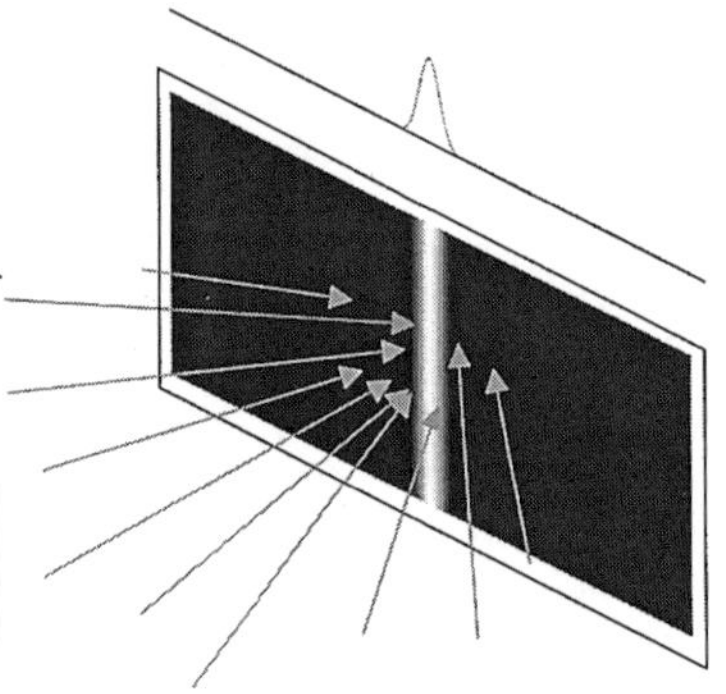

(c) 無限個数の平面波の重ね合わせ
但し、角度広がりは (b) と同じ

図27　平面波の干渉

また、$f(t)$は$g(\nu)$の逆フーリエ変換という。二つの周波数が離れているほどビート間隔が短くなることから予想できるように、短い時間波形には非常に周波数差の大きい波が含まれる必要がある。これもフーリエ変換のもつ特徴である。

以上が時間領域の話であるが、次に、空間の場合はどうであろうか。

空間領域で考える場合、時間変化までからむとわけがわからなくなるので、同じ周波数の光のみを考え、時間的には強さが変わらないものとする。

二つの同じ周波数の光を、図27(a)に示すように、異なった角度で紙に当ててみる。よく知られているように、紙の上には干渉縞が見える。角度差が大きいほど間隔は詰まってくる。紙の上では二つの交差する波の位相差が横位置により異なるためである。紙の横位置がちょうど、先の図26(c)のビートの場合の時間に対応しているともいえる。二つではなくもっと多くの光を角度を変えて干渉させると、紙の上にはいろいろの強弱模様ができる。これも、周波数の異なる波を時間軸上で合成した場合とそっくりである。逆にいえば、このようなパターンの光は、実は周波数が同じで入射角度の異なる多数の平面波光を合成したものと考えることができる。

光ビームの空間形状を時間波形にたとえるならば、光の横方向への傾きが周波数のようなものに対応していることになる。そして、光電界の横方向の波形$f(x)$に対しては$g(k_x)$というフーリエ成分が存在することになる。(6)

(6) k_xは後述するがx方向への傾きに関係する変数である。

次に、図28(a)のようにスリットを置き、平面波を当てた場合を考える。スリットを通り抜けてくる光はもはや入射したような一つの平面波ではない。図27で見たように干渉、合成させれば、このスリットの形になるような進行方向の異なる多くの平面波の重ね合わせとして出てくるのである。つまり、スリットは向きの異なる平面波をたくさん生成する機能をもっている。スリットでなく同図(b)のようにx、y両方向の隙間となっている小開口（絞り）の場合は、x方向だけではなく、y方向にも傾いた多くの平面波の合成になっていることは、いままでの話から容易に理解できよう。

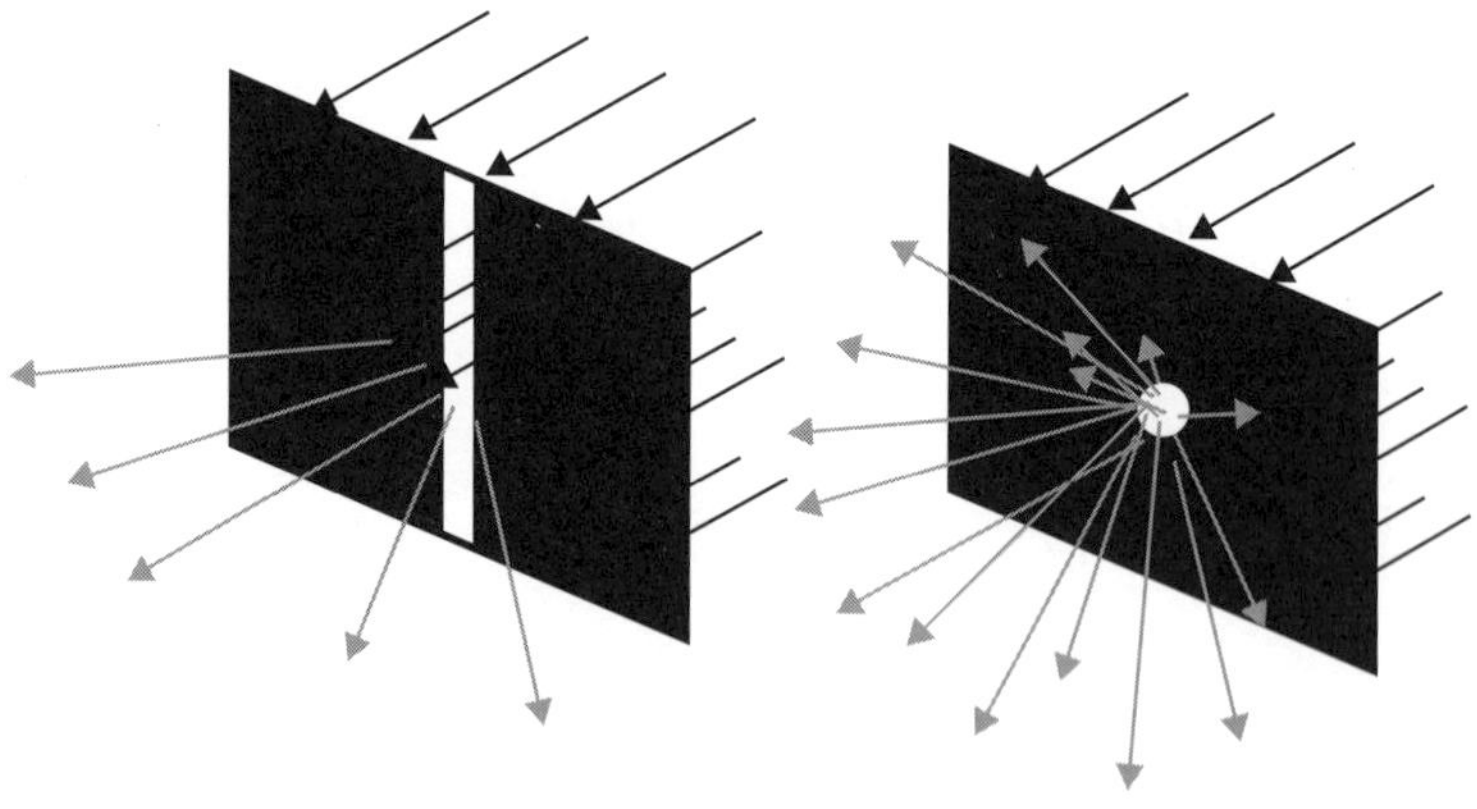

(a) スリット　　(b) 絞り

図28　細かい構造を通ると光線は広がる．角度成分をいっぱいもつ．

補遺　光波の基礎

図29に光波のもつ電界(電気を引きつける，あるいは引き離す力のようなもの)の強さの瞬時波形例を示す．ここで波はz方向に進んでおり，$z=$一定のx, y方向に広がる平面の上では強さが一様で波面となり，これがz方向にvの速さで進んでいる．

このように波面が平面の波は平面波とよばれる．また，振動は三角関数状なので，正弦波といわれる．正弦波振動は綱引きの綱を揺すってもつくれる最もふつうに見られる波の一種である．この波は，たとえば$z=0$では

$$U(t, z=0)=A\cos(2\pi\nu t+\theta_0)$$
$$=A\cos(\omega t+\theta_0) \tag{3.1}$$

のように書け，時間的にも正弦波状に変化している．ここでtは時間，νは周波数（振動数），ωはνの2π倍で角周波数とよばれる．一方，z(>0）だけ離れたところではこの波がz/vだけ遅れてくるため，$z>0$ での波形は

$$U(t, z>0)=A\cos\{\omega(t-z/v)+\theta_0\}$$
$$=A\cos\{\omega t-kz+\theta_0\} \tag{3.2}$$

となる．ここで，kは$k=\omega/v=2\pi/\lambda$で，波数とよばれている．

$1/\lambda$は単位長さ1に波長何個分入るか，つまり単位長さ当たりの波の数で，まさに波数である．kはこれの2π倍であり，単位長さは位相角がいくらに相当するかになり，角波数とよぶべきものであるが，ふつうはkを波数とよんでいる．波がどの高さにあるかは式（3.2）の｛　｝の中の値で決まり，この値は位相とよばれる．したがって，説明しなかったが，θ_0は$z=0$での時刻tが0のときの波の位相ということになる．2π（ラジアン，度でいうと360°）の周期で波は同じ値をとる．また，位相の同じ面を等位相面（波面）とよんでいる．式（3.2）より，角周波数ωと，波数$k=2\pi/\lambda$は時間と空間の差はあるが，同じようなものであることがわかる．ただ，時間は一次元であるが，空間は三次元である点が異なる．

図30は平面波がz方向からx軸方向にθだけ傾いて（z'方向）いる場合で，波面も，$z=$一定の平面から傾く．波がz'方向に進むとき，波面はz方向にもx方向にも進む．z方向の波長は$\lambda/\cos\theta$に伸び，x方向に周期（波長）が$\lambda/\sin\theta$で進行するので，波形は式（3.2）の代わりに，

$$U_0(t, x, z)=A\cos(\omega t-kz'+\theta_0)$$
$$=A\cos\{\omega t-(k\sin\theta)x-(k\cos\theta)z+\theta_0\}$$

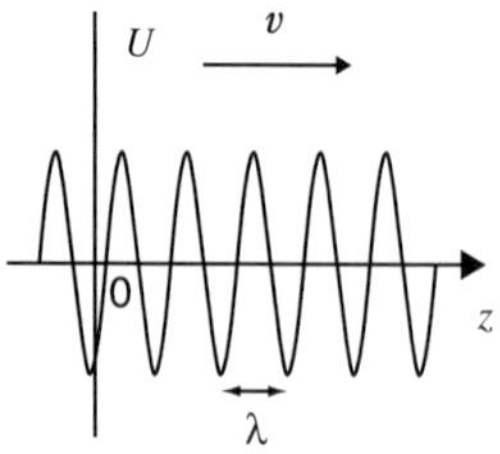

図29　光波（正弦波）

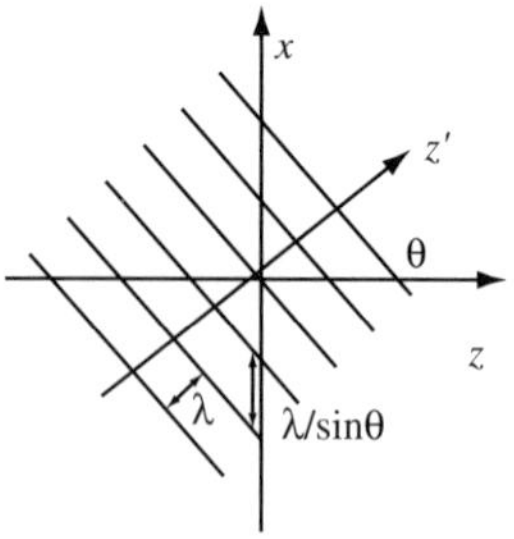

図30　斜行平面波

となる．波数の大きさkをもち，向きが光の進行方向のベクトルを考え，波数ベクトルと定義すれば，上式のx, zにかかる係数はそのx, z成分つまりk_x, k_zにほかならない．z'がx方向のみならずy方向に傾いていると，k_yも加える必要が生じる．

k_x（$= k \sin \theta$）とxの関係は時間軸のωとtの関係に似ていることが予想できる．ωとtが互いにフーリエ変換の関係にあるということは，k_xとxも互いにフーリエ変換の関係にあることになる．

一般に短い時間波形は多くの周波数の異なる波が必要なように，空間的に小さい波形をつくるには，干渉縞が細かくなるように横方向の波数が大きい，つまり，z軸から離れた傾きの光が必要になる．

レンズによるフーリエ変換

フーリエ変換は数学的なもので、コンピュータを用いた数値計算で求めることができる。一方、凸レンズや凹面鏡を用いて光学的に求めることも可能である。図31のように、凸レンズ（焦点距離f）を挟んで焦点距離だけ離れた二つの面を通る光線を考える。傾き$\theta(\mathrm{Tan}^{-1}(h/f) \fallingdotseq h/f)$で入力面を通る光線は、すべて出力面ではこれに一対一で対応した$x' = h$のところに集まっている。たとえば、$x' = 0$には入力面を水平に通過した、つまり$\theta = 0$の光線のすべてが集まり、$x' = 0$での明るさはそのような光線成分全体の強さに対応している。つまり、出力面での光波分布$u_2(x')$は、入力面を通る光線のうち傾きが$\theta \fallingdotseq x'/f$である成分の大きさにあたる。傾き$\theta$は$\boldsymbol{x}$方向の波数$k_x$と$k_x = k\sin\theta \fallingdotseq k\theta$の関係があることから一対一に対応し、その結果、$k_x$と出力面座標$x'$も$k_x \fallingdotseq kx'/f$と一対一に対応する。$u_1(x)$に含まれる$\boldsymbol{x}$方向の波数が$k_x$の成分の分布関数、つまり$u_1(x)$のフーリエ変換を$v(k_x)$とすると、上に述べてきたことから

$$\text{出力面像}\quad u_2(x' = fk_x/k) \propto v(k_x)\qquad \text{入力面像のフーリエ変換}\quad (3.3)$$

となることがわかる。画像が二次元的な場合、つまりy方向にも変化している場合は、y方向に関してもやはりフーリエ変換となる。つまり、図31の構

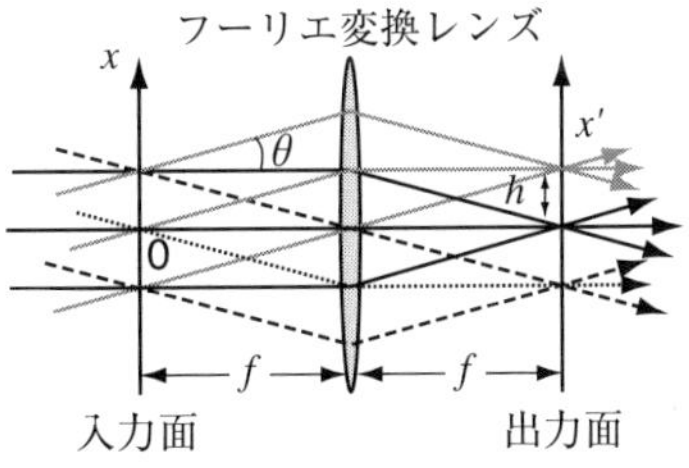

図31　レンズによるフーリエ変換

光線の向きが位置に，また位置が向きに変換される。

成で画像の二次元フーリエ変換ができるのである。

さて、入射部を通る光線がすべて同一の方向に進んでいると、その光線は焦点面で一点に集まり非常に小さくなるが、実際は有限のサイズである。これを説明する。

図27のところでは、斜めに交差させる光線で干渉させると小さい線や点にできることを述べ、角度差が大きいほど細く、小さくできることを示した。図31において、レンズの大きさが有限なら、これらを集光しても光線間の最大角度差はレンズの口径で制限される。もちろん、どのようなレンズを用いても最大角度差は一八〇度以下であり、したがって干渉縞の間隔は半波長以下にはできず、明るい部分の幅はその半分である四分の一波長程度にしかならない。つまり、どうしても光線を合成する方法では波長程度にしか絞れない。これが回折による限界といわれているものである。

一方、入射面に小さな孔をあけ外から平行光線を当ててやると、以前にも述べたようにいろいろの角度をもった光線に変換される。もちろん、孔が小さいほどその角度の広がりは大きい（この逆は前述したとおり。光には可逆性がある）。そこで、図31のようなフーリエ変換系で、入射面に置いた小さな絞りへ、その後方から平面波を照射すると、広い角度成分をもった多くの平面波に変換され、レンズを介した焦点面では大きく広がったビームとなる。逆に絞りの口径が大きければ、透過光のほとんどが入射平面波成分となり、広がり成分が少ないので、焦点面ではほぼ一か所に集光され、細いビームとなる。
この特性を利用すると次に述べるように画像信号の処理ができる。

レンズを用いた画像の処理

ここで図32に示すように、図31のフーリエ光学系をもう一段直列に並べてみる。入力面のフーリエ変換像が得られる面（x_2、y_2面）を処理面、さらに、そのフーリエ変換面（x_3、y_3面）を出力面とする。この図からもわかるように、入力面の一点から出た光は出力面で一点に集まり、入力面の像が出力面で反転して再び結像される。また、処理面のある一点を通る光線はこれに対応した特定の方向に入射面を通過する光線に限られる。したがって、この処理面に空間的に透過度や位相遅れの異なるマスクを置けば、入射面から出る光線の角度成分の選択や位相合わせができる。

前述のように、平行光線が入力面にある小さい穴を通過する場合は、通過後には光線はさまざまな方向をもつようになり、処理面で全体に広がる。一方、入力面で大きく一様な透過度をもつ穴がある場合は処理面でほとんど原点の一点に集まる。処理面の中央部は入射像の緩や

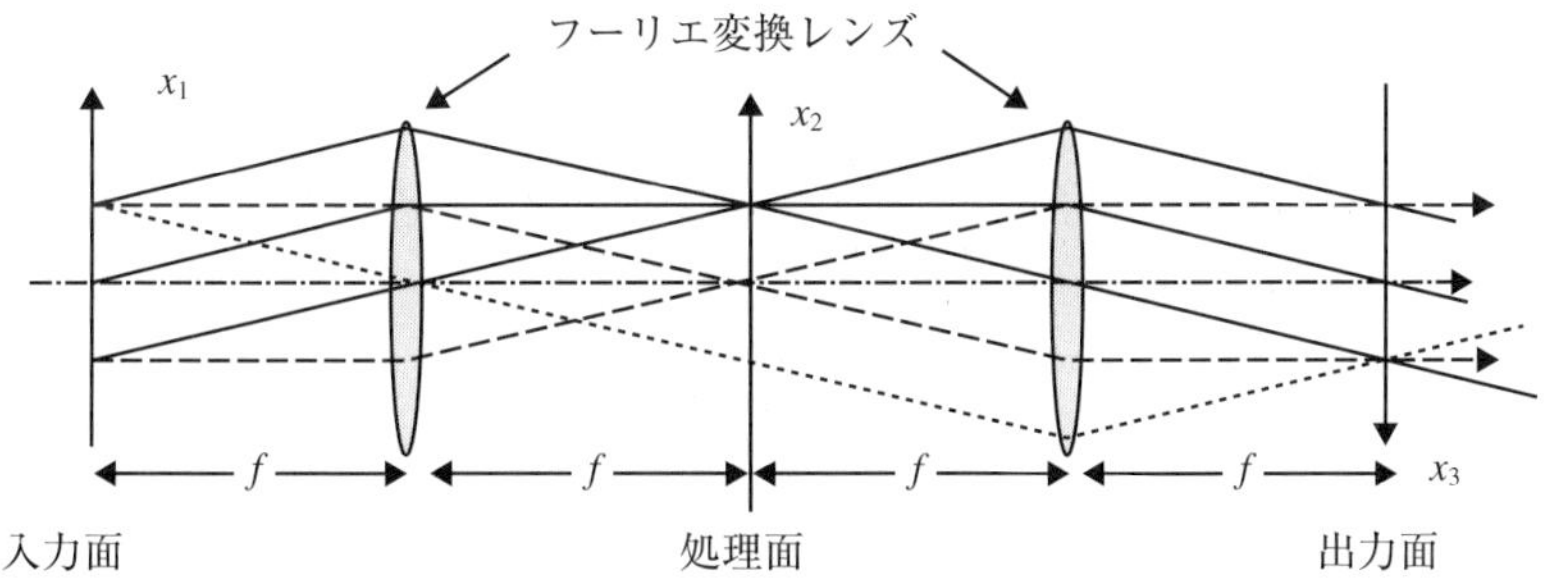

図32　レンズによる画像処理

かに変化する部分の画像情報が多く含まれ、周辺部は入射像のもつ大きな角度の光線成分、あるいは入射像のもつ細かい空間変化の情報を多くもつ。処理面の中央部のみを通るようにした場合にはローパスフィルタ（急激な変化はカット）、周辺部のみを通すようにした場合はハイパスフィルタ（変化する部分を選択的に通す、エッジ抽出）のような効果をもつ。このようなフィルタを介して再び結像させると、出力面では入力像をエッジ抽出した像やソフトフォーカス的に柔らかくし、しわやシミを消してなめらかにした像などが出力でき、画像処理ができる。

このフーリエ変換信号処理系は、後で述べるように、空間ではなく時間域での処理にも有効に利用できる。

回折格子

回折格子は図33に示すように、波長程度の周期で凹凸のストライプを付けた板である。構造が小さいため、ここからの反射光には反射方向の異なる多くの成分が生じる。これが隣接する多数の微小構造からも起こり、それらが重なり合って干渉を起こすことになる。このため、ある波長に対してはある方向が強め合う方向

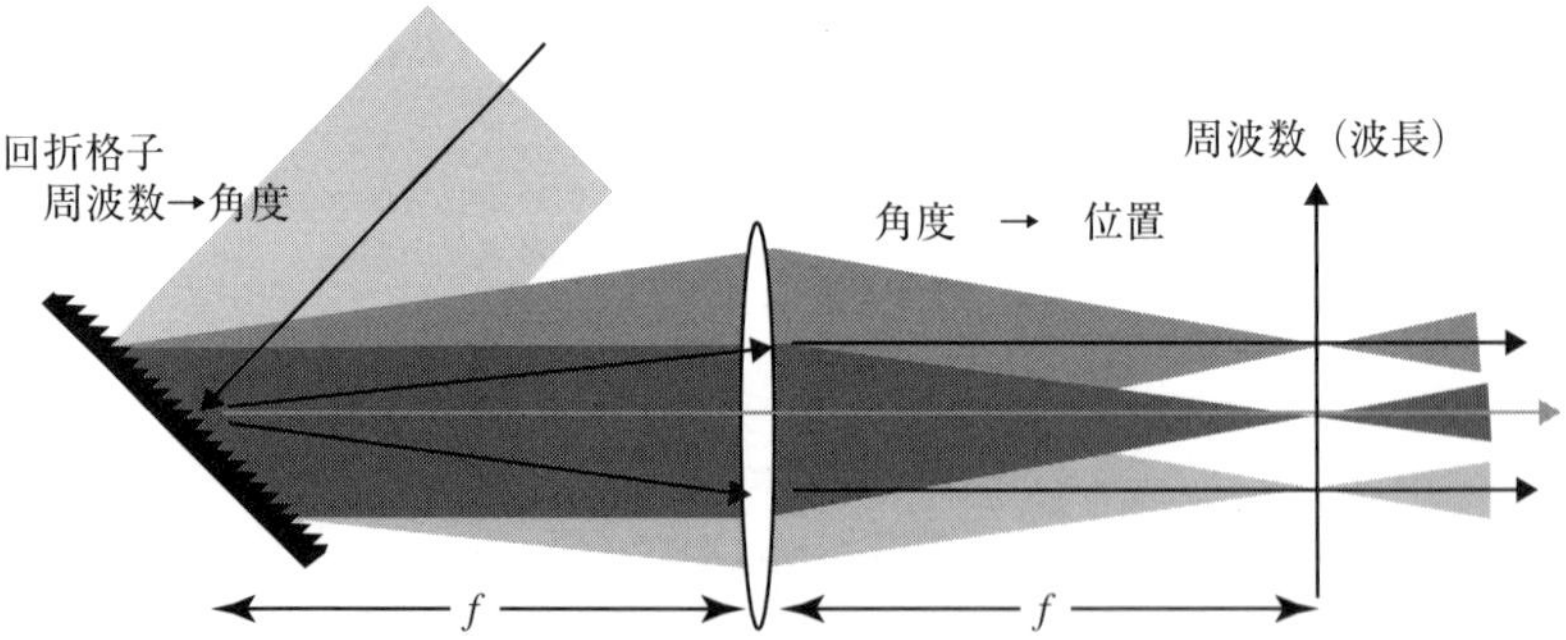

図33　回折格子

光に周期的遅延を与える空間素子であるが，（時間）周波数を角度，位置に変換し，結果として時間域のフーリエ変換機能ももつ．凸レンズを凹面鏡に置き換え，入射光も凹面鏡で幅広の平行光線にしたのが分光器である．

になり、反射光のその波長成分の多くはその方向に強め合って進む。この方向は波長によるので、多くの波長成分を含む光を平行にして回折格子に照射すると、回折反射光は波長（周波数）によって異なる方向に分かれて回折される。

回折格子は周波数、波長といった時間的要素を空間的要素である進行角に変換させる機能をもっているといえる。角度の違いは、凸レンズ（凹面鏡）により平行にする（レンズの空間的フーリエ変換機能を用いる）と、位置に変換でき、これらの組み合わせにより、周波数を位置に対応変化することが可能になる。これを応用したのが回折格子分光器である。

三　時間域制御、動的制御

次に時間領域で光を制御する素子の代表例としてまず、電気光学変調器について考えてみよう。

電気光学変調器

水晶や KH_2PO_4（リン酸二水素カリウム）、$LiNbO_3$（ニオビウム酸リチウム）、$LiTaO_3$（タンタル酸リチウム）などの結晶に電界を印加すると屈折率が変化することが知られている。このような結晶を電気光学結晶という。さて図34には、電気光学結晶に電極を付けて電気信号を印加できるようにした簡単な電気光学

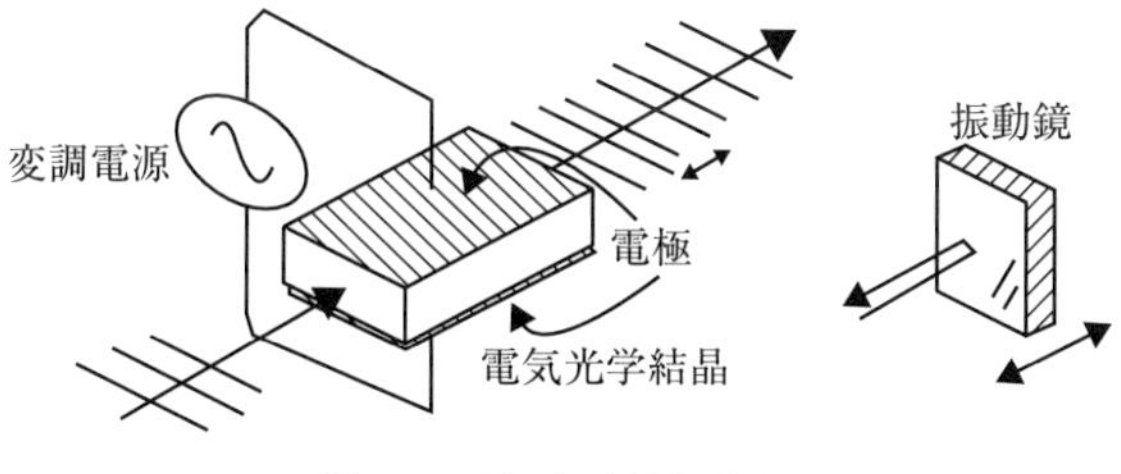

図34　電気光学位相変調器

振動鏡による反射光とは等価.

変調器の構成を示している。結晶の屈折率と長さの積が結晶中で光が感じる実効的長さで「光学長」とよばれるが、このような構成では電気信号により光学長が変化することになる。結晶を通過した光は光学長の変化により位相が変化する。

前後に振動している鏡に光を当てた場合の反射光も同様に光学長の変化を受けるから、これらは等価であると考えてよい。運動物体からの反射光の周波数が、ドップラー効果で変化することはよく知られている。野球の球速は、ボールからの反射光の周波数変化（ドップラーシフト）から測定している。同じように、前後に運動している鏡からの反射光の周波数は変動する。近づくときは光路長が時間とともに短くなるときで、波長が縮み、周波数が高くなる。遠ざかるときは反対に周波数が下がる。電気光学変調器の場合も、たとえば正の電界を印加すると屈折率が増加するのなら、印加電界が増加しているときが光学長が時間的に伸びているときで、反射鏡が遠ざかっていることに対応し、周波数はその速さに比例して低くなる。印加電界が減少している時は逆に周波数は高くなっている。周波数のシフト量は電界の時間変化率に比例する。正弦波の電界を印加する場合は、その時間変化は位相が九〇度ずれた、やはり正弦波状になる。このときの位相遅れと、その瞬間における周波数（瞬時周波数）の変化の様子を図35に示す。結局、電気光学変調器により光の位相変調や周波数変

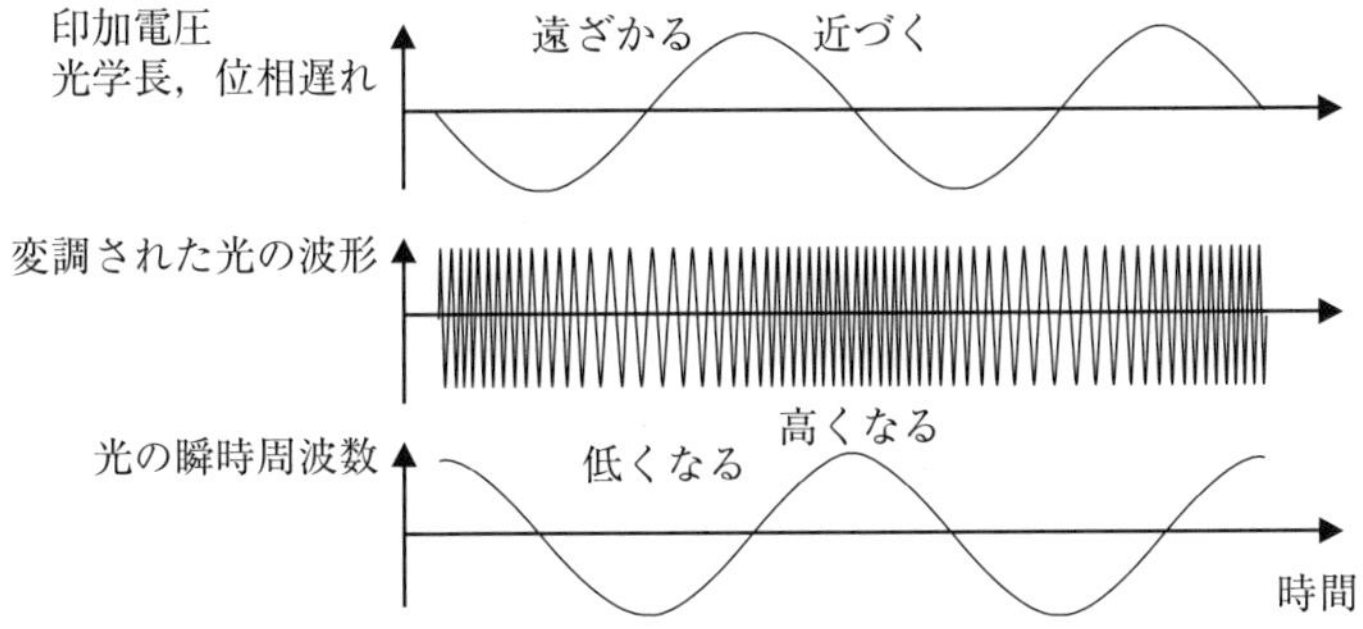

図35　正弦波位相変調器の位相，周波数変調

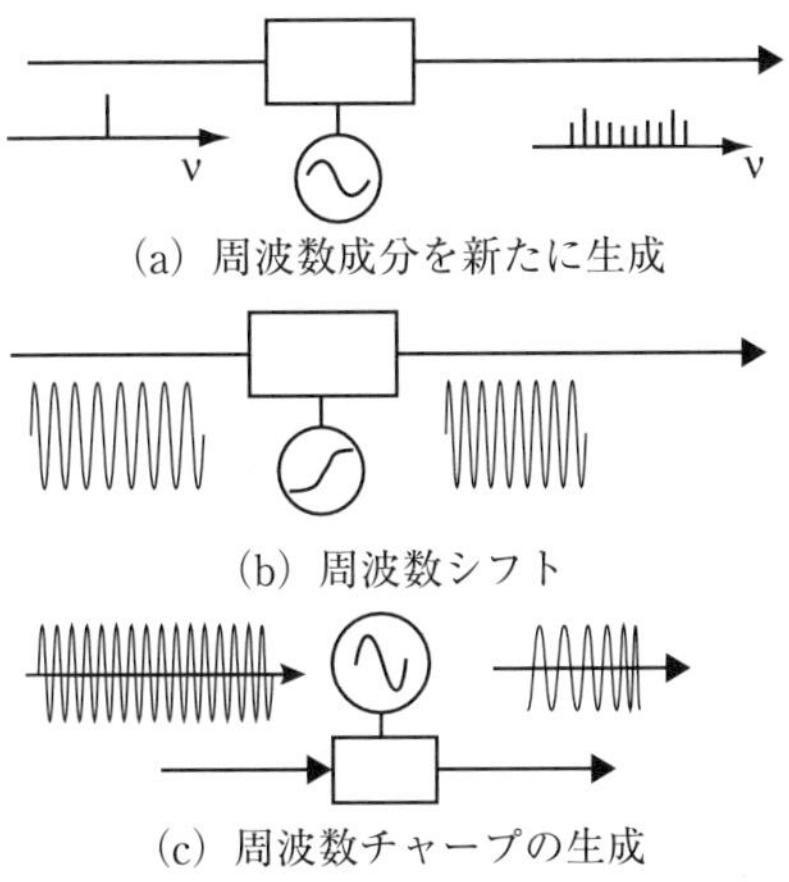

図36　変調器による時間制御，周波数生成

調ができる。

さて、位相が一八〇度異なる二つの波を加算すると、干渉で光波はキャンセルできるので、位相を変調できる電気光学変調器を工夫すれば光の強度を変調したり、オンオフしたりできる。それ以外の電気光学変調器のはたらきを図36にまとめる。

まず、単一周波数の光が広い周波数成分をもつ光波に変換される。つまり、周波数成分の生成である。これは周波数を時間的に変化できるのであるから当然である。この方式でテラヘルツを超える広い周波数スペクトルをもつ光を得ることも可能である。次に、周波数のシフトである。このシフト量を時間とともに変化させた場合、周波数が時間的に掃引される(周波数チャープとよばれる)。

偏向器

次に、電気光学変調器の電極を図37(a)のように三角にしてみる。電極に電圧を印加すると、電極下の三角形の部分の屈折率が変化するので、ちょうどプリズムができたようになり、光は曲がって出てくる。印加電界の向きで電極下の屈折率の大小が反転し、光は逆方向に曲がる。電気光学効果による光路長がビーム断面内で直線的に異なるので波面が傾斜(等位相面)し、傾く。もう少し効率よく偏向器をつくるには同図（b）のようにする。ここでは破線を境にして結晶の向きが反転している。なぜそうするかは、お考えいただきたい。その結果電界の大きさで光を左右に偏向でき、光ビーム走査器となる。

電気光学偏向器は、場所ごとに異なる位相変調器を並べているともとれる。位相変調器が並進運動をする反射鏡なら、偏向器は回転する鏡と等価になる。図37（c）の回転鏡で考えると容易に想像できるが、鏡の各部における鏡の運動速度が異なるのでドップラーシフトが場所によって異なり、反射光はビーム断面内の場所ごとに光周波数が異なることになる。したがって、偏向器出口では横方向位置で光の（時間）周波数が異なり、横位置が時間周波数に対応できる。

この偏向器は時間と空間をつなぐ非常に重要な役割をもつことがわかる。すなわち、時間的に変化する印加電界のもとでは、時間とともに光の空間進行方向を変える。これは遠くでは位置の変化になる。また、レンズを用いると遠くでなくても焦点位置で位置に変換できる。つまり、時間情報が位置情報や角度情報に変換されるのである。テレビジョンなどで

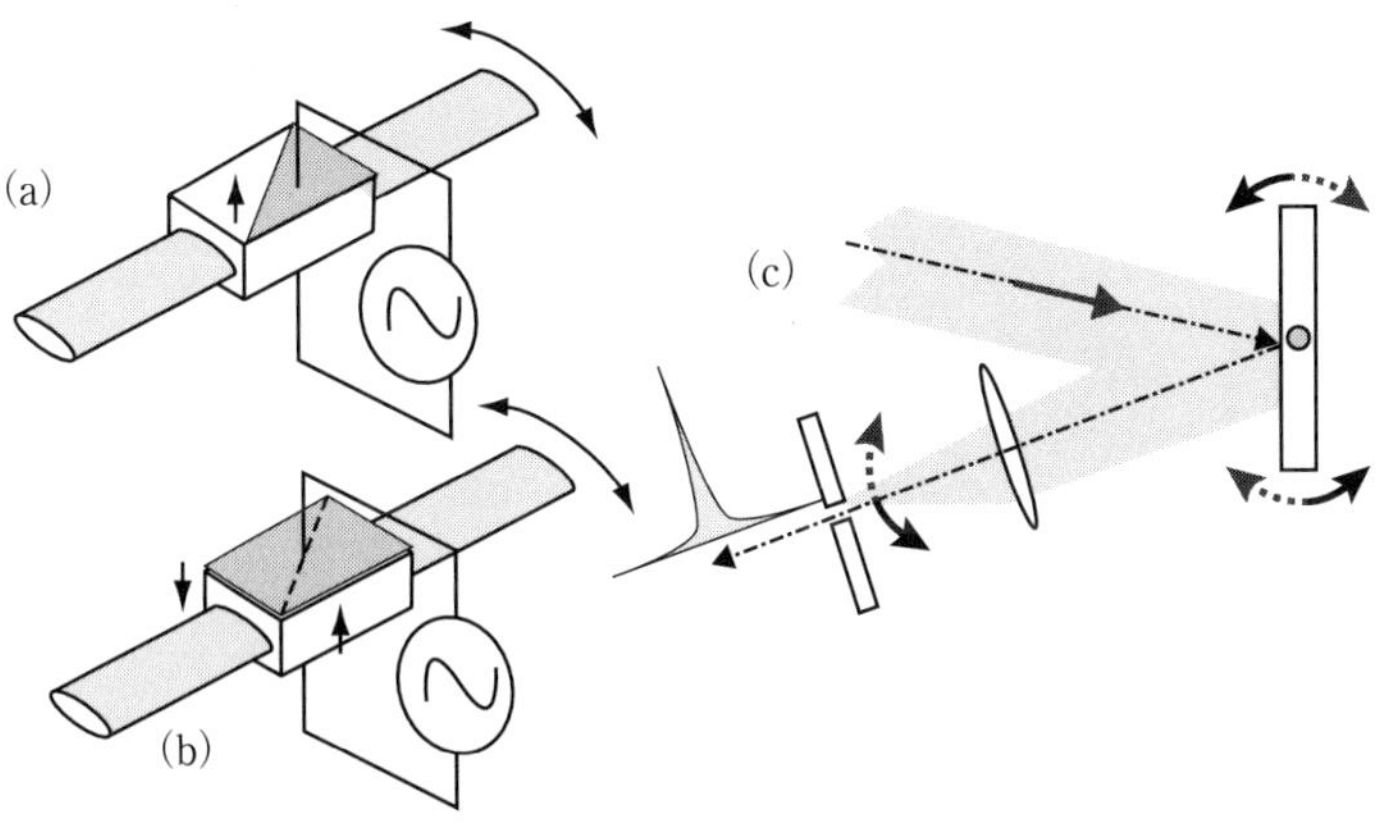

図37　電気光学変調器／偏向器と振動／回転反射鏡の対応
光周波数スペクトルは光学長の時間的変化に伴うドップラーシフトで広がる．

この技術はよく使われている。受信した映像信号では光の強弱や色の信号が時間的に変化しているのが、ブラウン管などで時間→位置に変換され空間の画像になっているのである。

さらに、電気光学偏向器を用いると、鏡の回転ではとうてい得られない数十ギガヘルツの掃引速度や、スポットあたりピコ秒の偏向速度も可能で、さらに周波数生成もテラヘルツ域に達している。

四　時間変調素子と空間変換素子の組み合わせ

——光の時空間制御へ——

回折格子が空間素子でありながら時間周波数（波長）を空間的な位置や方向に変換でき、かたや偏向器は位置を時間や周波数に置き換える機能をもつことがわかった。これらを仲介して、光変調器、偏向器と空間フーリエ光学系により多くの時間空間にまたがる光の制御ができそうである。

変調器と回折格子（**分光と偏向**）

まず、図38に示すように、光ビームの周波数を変調して回折格子に当ててみる。

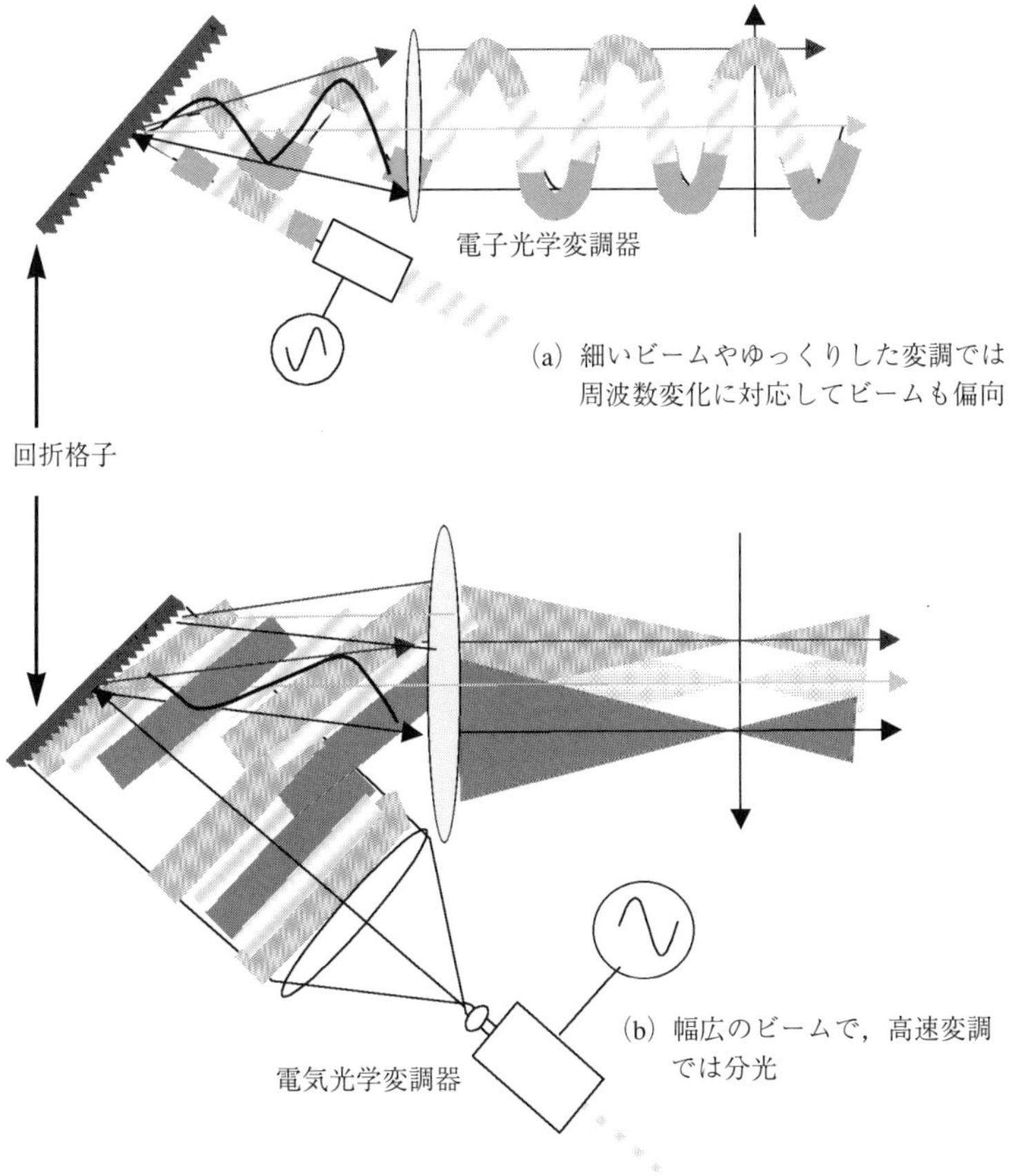

(a) 細いビームやゆっくりした変調では
周波数変化に対応してビームも偏向

(b) 幅広のビームで，高速変調
では分光

図38　回折格子と変調器

周期的遅延回路→時間フーリエ変換→（時間）周波数を角度に変換.

周波数によって回折される方向が異なるので、同図(a)の場合はビームが周波数の変化に対応して偏向され、偏向器としてはたらく。では、同図(b)のような場合はどうか。ここでは光ビームが広げられ、回折格子いっぱいに照射されている。回折格子の場所によって光路差が生じているので、その周波数に対応した回折方向にはその周波数の光がある特定のタイミングに来るのではなく、時間的に引き延ばされて次つぎと到着することになる。この結果、方向ごとに対応した周波数の光がほぼ連続して出力され、偏向動作とはならず、回折格子分光器の動作が主になる。もし、この引き延ばし時間が変調一周期より十分長ければ、各周波数成分は一定強度の連続光となり、変調で生成された各周波数成分（サイドバンドとよばれている）が完全に空間分離できることになる。

偏向器とスリット

光ビームを偏向させその前方にスリットをおけば、スリットを横切るときのみ光が透過でき、光パルスが生成できる。さてここで、レンズの空間的フーリエ変換機能を思い出してみよう。図39(a)のように、平行なレーザビームを透過度や厚さが分布するマスクを介して、図31で見たフーリエ変換系を通してみると、変換面の衝立上ではマスクの形のフーリエ変換の断面形状のビームができる。これはマスクの形を変えれば制御できる。そこでこのマスクの手前に同

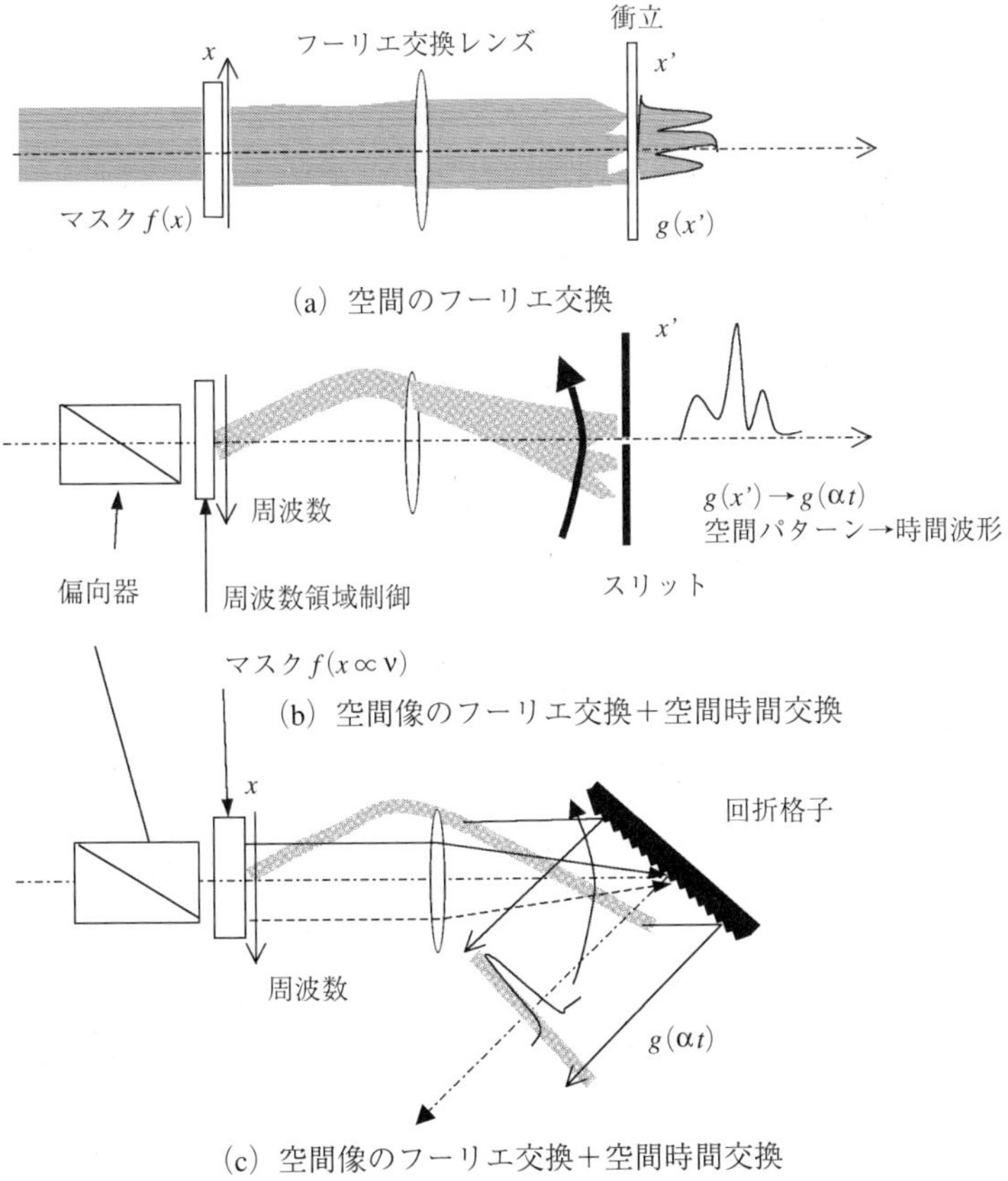

(a) 空間のフーリエ交換

(b) 空間像のフーリエ交換＋空間時間交換

(c) 空間像のフーリエ交換＋空間時間交換

図39 偏向器による光パルス波形制御

図(b)に示すように偏向器を置き、衝立の代わりにスリットを置いてみる。偏向動作をさせない場合は同図(a)と同じビームがスリット面上にあたっており、スリットからはその部分の強さの光が定常的に出力される。しかし、もし偏向動作をさせるなら、このフーリエ変換波形（空間像）が上下に移動することになり、スリットを抜けてこの空間波形が時間波形として出力される。つまりこの部分は空間→時間変換作用をもつ。したがって、マスクという空間的素子で時間波形制御ができるのである。この流れを示すと、次のようになる。

$f(x)$（マスクの空間関数）→$g(x')$（空間関数、$f(x)$ のフーリエ変換）
→$g(at)$（時間関数、aは定数）

一方、時間関数のフーリエ変換は周波数分布であるので、結局、入力の x は周波数に対応し、マスク $f(x)$ で周波数成分の選択を行っていることになる。このことは偏向器のところで述べたとおりである。

さて、スリットから取り出せる光は入射光のほんの一部で、大半は透過せずに捨てられてしまう。そこで、図39(c)のような構成を考えてみる。ここではスリットに替わり、回折格子を用いている。回折格子の時間ずらせ効果により、回折された後では、偏向ビームの昔に出た部分と最近に出た部分が同じ時間に出力できる。縦に伸びていた光ビームが横倒しになって出力されるので、取り出せる光エネルギーは非常に高くなる。また、ビームの断面形状 $g(x)$ が時間波形になるのは同図（b）と同じである。これは次のようにも考えられる。つまり、偏向器出口では位置 x により光の周波数が違っている。これがレンズを介して回折格子に当たるとき、周波数によって入射角が少しずつ違うことになり、回折格子の設置角をうまく置くと、回折光は周波数に関係なく同じ方向になり、全部の周波数成分が合成できる。周波数成分はそれぞれマスクで制御できるので、時間波形も自由に合成制御できる。これは光の世界のシンセサイザともいえる。音楽の世界で、いろいろの周波数の音の強さや位相を制御しピアノやバイオリンの音を合成することを「シンセサイザ」とよんでいるごとしである。この偏向器による光パルス波形制御は、筆者の最初の特許となったものである。

図38（b）の構成でも空間軸に光の周波数を割り当てられるので、これを図39（c）の偏向器のところに置き換えてみても、光の時間波形制御、光パルスシンセサ

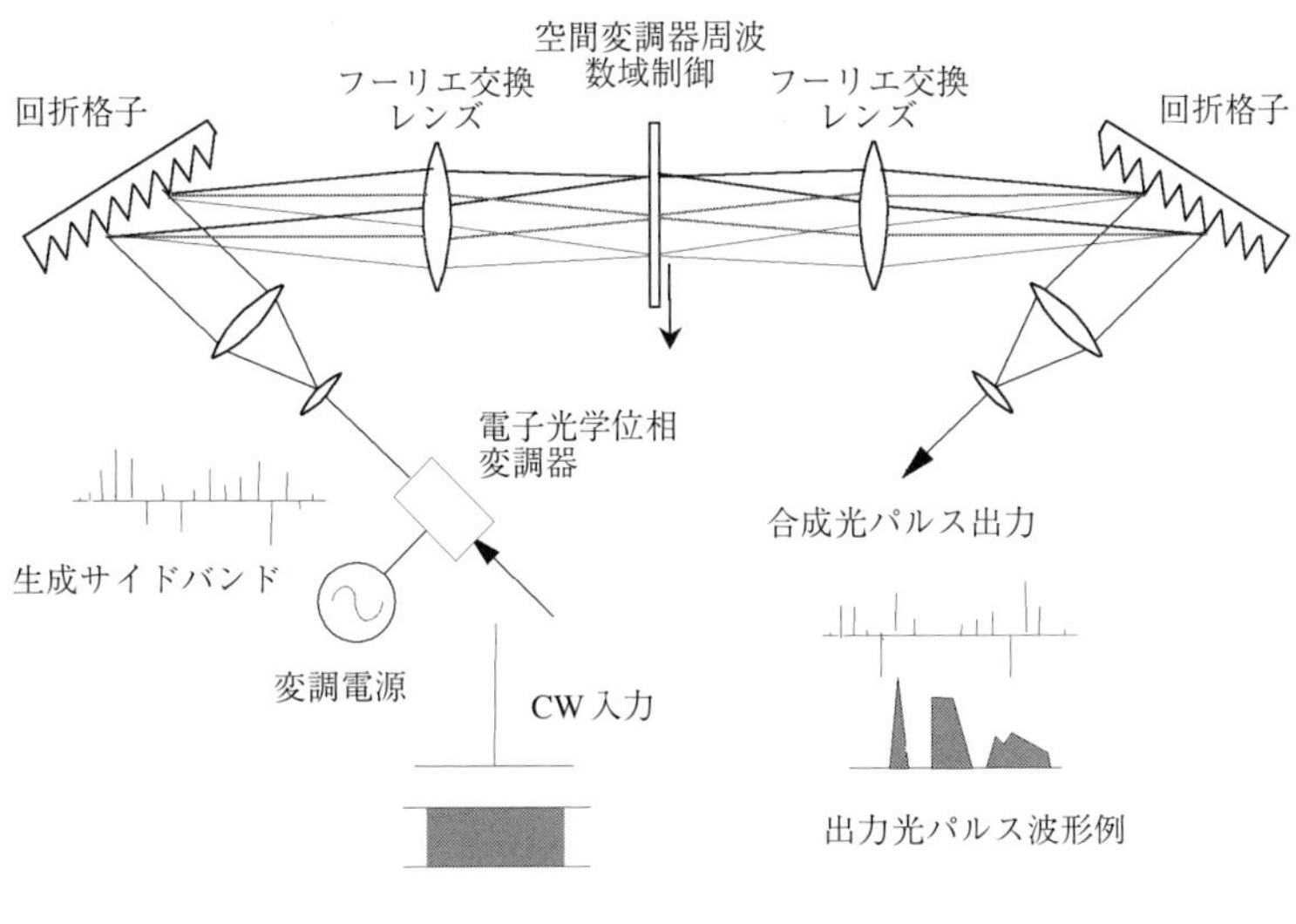

図40　電気光学光パルスシンセサイザ

イザが構成できるはずである。図40がその構成を示している。われわれは、実際、この構成でピコ秒以下のパルスを得ている。この構成は空間と時間の双方の領域を組み合わせた光のコントロールの典型的な例としてあげることができよう。変調光の替わりにやはり広い周波数スペクトルをもつ短いパルスを入力しても、同様にパルス波形が制御できる。その構成は現在、フェムト秒域のパルス整形で非常によく用いられている。

むすび

光は時間、空間を駆けめぐる高速な波であり、高速に光をコントロールするには、時間域でも空間を考慮し、空間域でも時間を考慮する必要がある。たとえば、いまではそれほど高速ではなくパーソナルコンピュータのCPUのクロック周期程度である一ナノ秒（一〇億分の一秒）の開き時間で外界の景色からの散乱光を取り込んだとすると、三メートルごとに一〇ナノ秒昔の景色を取り込んでいることになる。現在のエレクトロニクスはナノ秒からピコ秒（一兆分の一秒）へと高速化が進められているが、一ピコ秒なら、光でも〇・三ミリメートルしか進めないので、一ピコ秒で取り込んだ情報は空間的には〇・三ミリメートルの膜の中のものであり、さらに手前やさらに奥の情報は別の時間のものでないと届かない。最近の光を用いた計測などではピコ秒からフェムト秒

（千兆分の一秒）へと挑戦が続いている。したがって、空間を考慮しないことには情報を高速に正しく取り込めない。しかし、これからの光技術は、必要性にせまられて考慮するのではなく、むしろ積極的に時空間双方にまたがって光を利用、制御し、新しい機能、結果を得ていく必要があろう。

現在、有限の時間域資源の有効活用をめざし、たとえば、無線通信ではＣＤＭＡ(7)やＦＤＭＡ(8)方式が、またデジタル放送でＯＦＤＭ(9)方式が登場しつつあるが、これらでは時間とそれに相対な周波数の複合利用が盛んに利用されている。もちろん、これらが光の領域で使われればさらに強力なものとなろう。時間は一次元であるが、空間は三次元、縦方向は時間と競合するとしても、非常に大きい情報エリアをもっている。ここに縦横の空間（位置）とそれらに相対の縦横の波数を活用し、さらに時間、周波数を組み合わせれば、現状から見れば無限に近い情報資源が広がる。二十一世紀の光技術の可能性の一つに、時空間混合光波制御が期待されるゆえんはここにあると考えられる。

（7）Code Division Multiple Access、符号分割多元接続。
（8）Frequency Division Multiple Access、周波数分割多元接続。
（9）Orthogonal Frequency Division Multiplex、直交周波数分割多重。

参考文献

（1）大阪大学基礎工学部　編『自然のしくみと人間の知恵』（小林分担執筆「6章　光を料理する」）大阪大学出版会（一九九六年）。
（2）小山次郎、西原　浩『光波制御工学』コロナ社（一九七八年）。

（3）J. W. Goodman, "Introduction to Fourier Optics," McGraw-Hill, New York（1968）.
（4）E. Hecht, "Optics," 3rd ed., Addison Wesley, Reading（1998）.
（5）小林哲郎「電気光学変調による超高速レーザパルス生成」電子情報通信学会論文誌、C-1, Vol.J74-C-1, No.11, pp.387-397（1991）.

岡田　正（おかだ　ただし）

1939年　東京都に生まれる
1965年　大阪市立大学大学院理学研究科（修士）
現　在　大阪大学大学院基礎工学研究科教授
　　　　工学博士
研究テーマ　溶液中の光反応初期過程
キーワード　光電子移動、液体緩和過程、フェムト秒分光
所属学会　日本化学会、アメリカ化学会、日本物理学会、光化学協会、ほか
主　著　（共著）日本化学会編『分光（実験化学講座７）』（丸善、1992）
　　　　（共著）日本化学会編『反応と速度（実験化学講座11）』（丸善、1992）
　　　　（共著）"Functionality of Molecular Systems 1"（Springer, 1997）

小林哲郎（こばやし　てつろう）

1943年　和歌山県橋本市に生まれる
1970年　大阪大学大学院工学研究科（博士）
現　在　大阪大学大学院基礎工学研究科教授、
　　　　(併)ベンチャー・ビジネス・ラボラトリー長
　　　　工学博士
研究テーマ　超高速光エレクトロニクス、量子光学、３次元画像
キーワード　超高速光変調／偏向、超短光パルス、微小光学、低次元光波、立体画像
所属学会　日本電子情報通信学会、応用物理学会、レーザー学会、ほか
主　著　（分担執筆）『自然のしくみと人間の知恵』（大阪大学出版会、1997）
　　　　（分担執筆）『レーザーハンドブック』（オーム社、1982）
　　　　（分担執筆）『超高速光技術』（丸善、1990）

伊藤　正（いとう　ただし）

1946年　兵庫県神戸市に生まれる
1974年　大阪大学大学院基礎工学研究科（博士）
現　在　大阪大学大学院基礎工学研究科教授
　　　　工学博士
研究テーマ　レーザー光物性実験、半導体超微粒子の電子物性
キーワード　励起子光物性、光学非線形性、フォトニック結晶、近接場顕微分光
所属学会　日本物理学会、応用物理学会、クラスターと微粒子懇談会
主　著　（共著）『（シリーズ物性物理の新展開）レーザー光学物性』（丸善、1993）
　　　　（共著）『メゾスコピック現象の基礎』（オーム社、1994）
　　　　（共著）『ナノ光工学ハンドブック』（朝倉書店、2001）

大阪大学新世紀セミナー［ISBN4-87259-100-3］

新しい光の科学

2001年9月20日　初版第1刷発行　［検印廃止］

編　集　大阪大学創立70周年記念出版実行委員会
著　者　岡田　正・小林哲郎・伊藤　正
発行所　大阪大学出版会
代表者　松岡　博
〒565-0871　吹田市山田丘1-1　阪大事務局内
電話・FAX　06-6877-1614（直）

組　版　㈲桜風舎
印刷・製本所　㈱太洋社

ISBN4-87259-116-X

「大阪大学新世紀セミナー」刊行にあたって

健康で快適な生活、ひいては人類の究極の幸福の実現に、科学と技術の進歩が必ず役立つのだという信念のもとに、ひたすらにそれが求められてきた二十世紀であった。しかしその終盤近くになって、問題は必ずしもさほど単純ではないことも認識されてきた。生命科学の大きな進歩で浮かび上がってきた新たな倫理問題、環境問題、世界的な貧富の差の拡大、さらには宗教間、人種間の軋轢の増大のような人類にとっての大きな問題は、いずれも物質文明の急激な発達に伴う不均衡に大きく関係している。

一九三一年に創立された大阪大学は、まさにこの科学文明の発達の真っ只中にあって、それを支える重要な成果を挙げてきた。そして、いま新しい世紀に入る二〇〇一年、創立七十周年を迎えるにあたって企画したのが、この「新世紀セミナー」の刊行である。大阪大学で行われている話題性豊かな最先端の研究を、学生諸君や一般社会人、さらに異なる分野の研究者などを対象として、できるだけわかり易くと心がけて解説したものである。

これからの時代は、個々の分野の進歩を追求する専門性とともに一層幅広い視野をもつことが研究者に求められ、自然科学と社会科学、人文科学の連携が必須となるだろう。細分化から総合化、複合化に向かう時代である。また、得られた科学的成果を社会にわかりやすく伝える努力が重要になり、社会の側もそれに対する批判の目をもつ一方で、理解と必要な支持を与えることが求められる。本セミナーの一冊一冊が、このような時代の要請に応えて、新世紀を迎える人類の未来に少しでも役立つことを願ってやまない。

大阪大学創立七十周年記念出版実行委員会